“十二五”职业教育国家规划立项教材

空调器结构原理与维修

主　编　易法刚　曹轲欣
副主编　毕红林　孙晓野
参　编　王泽忠　孔保军

机械工业出版社

本书是“十二五”职业教育国家规划立项教材，是根据教育部公布的《职业院校制冷和空调设备运行与维护专业教学标准》，同时参考国家职业资格标准编写的。全书采用单元化编写模式，按照理实一体化的要求，结合具体实际操作，对职业院校学生提出了明确的目标，体现了职业素养与专业技能并重的特点。

本书主要内容由基础篇、应用篇和提高篇三篇组成。其中基础篇包括空调器概述、空调器的结构、空调器的工作原理、空调器的使用与维护四个单元。应用篇包括空调器维修人员岗位职责，空调器维护人员的基本技能，空调器的选择、安装与移机，空调器故障检修流程，空调器制冷系统组件检修，空调器空气循环系统检修，空调器电气控制系统检修七个单元。提高篇包括变频空调器介绍一个单元。

本书可作为中等职业学校制冷和空调设备运行与维修专业的教材，也可作为相关岗位的培训教材。

为便于教学，本书配套有助教课件、教学视频等教学资源，选择本书作为教材的教师可来电（010－88379193）索取，或登录 www.cmpedu.com 网站，注册、免费下载。

图书在版编目（CIP）数据

空调器结构原理与维修/易法刚，曹轲欣主编．—北京：机械工业出版社，2017.5（2025.4 重印）
“十二五”职业教育国家规划立项教材
ISBN 978-7-111-56724-0

Ⅰ.①空…　Ⅱ.①易…②曹…　Ⅲ.①空气调节器-理论-中等专业学校-教材②空气调节器-维修-中等专业学校-教材　Ⅳ.①TM925.12

中国版本图书馆 CIP 数据核字（2017）第 092044 号

机械工业出版社（北京市百万庄大街 22 号　邮政编码 100037）
策划编辑：汪光灿　　责任编辑：汪光灿　张丹丹
责任校对：张　力　　封面设计：张　静
责任印制：常天培
固安县铭成印刷有限公司印刷
2025 年 4 月第 1 版第 12 次印刷
184mm×260mm · 11.5 印张 · 276 千字
标准书号：ISBN 978-7-111-56724-0
定价：36.00 元

电话服务	网络服务
客服电话：010-88361066	机　工　官　网：www.cmpbook.com
010-88379833	机　工　官　博：weibo.com/cmp1952
010-68326294	金　　书　　网：www.golden-book.com
封底无防伪标均为盗版	机工教育服务网：www.cmpedu.com

前言

本书是由全国机械职业教育教学指导委员会和机械工业出版社联合组织编写的“十二五”职业教育国家规划立项教材，是根据教育部公布的《职业院校制冷和空调设备运行与维护专业教学标准》，同时参考国家相关职业资格标准编写的。

本书主要介绍家用空调器的结构原理与维修方法，主要内容由基础篇、应用篇和提高篇三篇组成。本书重点强调的是培养职业院校学生的职业素养和职业技能，以“贴近岗位、贴近实用”为编写原则，其内容具有很强的针对性和实用性。在编写过程中还力求体现以下特色：

1）体现新模式。党的二十大报告指出：加快建设国家战略人才力量，努力培养造就更多大师、战略科学家、一流科技领军人才和创新团队、青年科技人才、卓越工程师、大国工匠、高技能人才。本书采用理实一体化编写模式，以提升职业院校学生职业素养和职业能力为目的，让学生在循序渐进中进行学习和实践，享受快乐学习的过程，突出了“做中教、做中学”的职业教育特色，为培养高技能人才奠定基础。

2）执行新标准。本书依据最新教学标准和课程大纲要求，从职业院校学生现有特点出发，合理确定职业院校学生应具备的知识结构和能力结构，对教材内容深度和难易度做了较大调整，切合当前家用空调器维修人员的职业素养和专业技能要求，与职业标准和岗位需求形成了无缝对接。

3）体现新构思。本书在编辑上采用单元和课题相结合的结构，尽可能采用图形、表格等表现形式，按照一定的工艺或程序将知识和技能呈现在学生面前，描述的内容直观简明、层次清晰、逻辑性强，具有较强的实用性和可操作性，教师教起来轻松，学生学起来容易。

本书建议学时数为68学时，学时分配建议见下表。

篇	教学单元	建议学时数
基础篇	单元一　空调器概述	2
	单元二　空调器的结构	2
	单元三　空调器的工作原理	6
	单元四　空调器的使用与维护	4
应用篇	单元五　空调器维修人员岗位职责	2
	单元六　空调器的基本技能	12
	单元七　空调器的选择、安装与移机	6
	单元八　空调器故障检修流程	10
	单元九　空调器制冷系统组件检修	8
	单元十　空调器空气循环系统检修	2
	单元十一　空调器电气控制系统检修	8
提高篇	单元十二　变频空调器介绍	6
合计		68

全书共分为十二个单元，由武汉市东西湖职业技术学校易法刚、北京市经贸高级技术学校曹轲欣主编。参与编写人员及分工如下：武汉市东西湖职业技术学校易法刚编写单元一、单元七、单元八、单元十，北京市经贸高级技术学校曹轲欣编写单元二、单元三，武汉市东西湖职业技术学校孙晓野编写单元四、单元五及附录，武汉市东西湖职业技术学校毕红林编写单元六，河南省新安县职业中专孔保军编写单元十一、十二，武汉市华润雪花啤酒（中国）有限公司王泽忠编写单元九。

本书经全国职业教育教材审定委员会审定，评审专家对本书提出了宝贵的建议，在此对他们表示衷心的感谢！在编写过程中，编者参阅了国内出版的有关教材和资料，在此一并表示衷心感谢！

由于编者水平有限，书中不妥之处在所难免，恳请读者批评指正。

编　者

目　录

提 高 篇

基础篇

空调器概述

【内容构架】

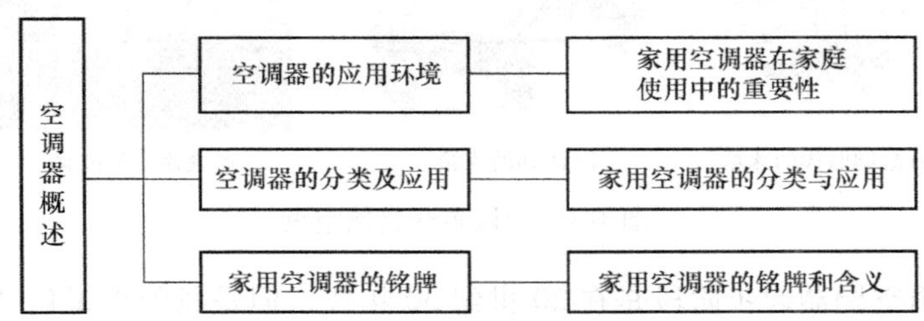

【学习引导】

目的与要求

1）通过学习家用空调器概述，了解本课程的目的，明确自身努力的方向。

2）根据居家情况，熟悉家用空调器的分类与应用。

3）能够熟悉不同类别家用空调器的铭牌含义。

重点与难点

重点：家用空调器的不同分类方式与应用。

难点：家用空调器铭牌的含义。

课题一　空调器的应用环境

一、空调器发展史

1. 世界空调器发展史

空调器从诞生发展到今天，从简单的空调扇到传统的制冷空调器，再到今天节能化、智能化的超空调时代，已经走过了百余年的历程。其在世界上的发展过程见表1-1。

2. 中国空调器发展史

我国使用天然冷已有3600多年的历史，这不仅记载时间为世界最早，而且应用范围极广。它从一个侧面展示了我们祖先的聪明才智，值得后人引以为豪。图 1-1 所示为中国古代自然空调。

表 1-1　世界空调发展史

时　间	事　件
20 世纪 20 年代	美国人威利斯·开利设计了第一个空调系统
20 世纪 50 年代	家用空调器开始走入千家万户
20 世纪 60 年代	新型的燃气空调器在日本问世
20 世纪 70 年代后期	太阳能空调技术出现
20 世纪 80 年代初期	变频空调技术在日本开始运用
21 世纪	燃气空调器的发展前景将更为广阔

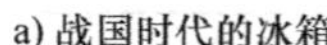
a) 战国时代的冰箱

b) 清朝的冰箱

c) 北京雪池冰窖

图 1-1　中国古代自然空调

我国现代使用空调器起步阶段是在 20 世纪 30 年代，但是我国真正自己掌握制冷技术及有规模地应用，是在中华人民共和国成立之后，见表 1-2。

表 1-2　中国空调发展史

时　间	事　件
1924 年	我国出现第一个安装中央空调的商用建筑，当时使用了美国约克公司氨立式 2 缸和 4 缸活塞式水冷机组
1931 年	上海某纺织厂采用地下井水进行喷雾加湿，使其成为我国最早采用喷淋式空调调节系统的工厂
1936 年	南京新都大剧院安装了美国约克公司的冷冻机，建成了我国影剧院中第一台采用氟利昂制冷剂的中央空调系统
1954 年	我国制造出了第一台溴化锂、吸收式制冷机
20 世纪 50 年代	我国开始生产房间空气调节器，即家用空调器
20 世纪 60 年代	我国第一台三相电源的窗式空调器研制成功，我国第一台热泵型窗式空调器、第一台水源热泵空调器面世，洁净空调器起步
1980 年	我国安装了第一套空气－水热泵空调系统
1985 年	海尔公司生产出我国第一台分体空调器
20 世纪 80 年代	国家各种监督检验测试中心成立
1998 年	海尔公司率先推出国内首台直流变频空调器
1999 年	出现第一台太阳能空调系统。我国第一台具备完全自主知识产权的户式中央空调诞生，从此热泵技术走进千家万户
2003 年	我国远大公司研制出全球第一套零阻力全变频中央空调输配系统
2007 年	历史上第一次由亚洲国家举办国际制冷大会，即第 22 届国际制冷大会在我国举办
2011 年	远大集团总裁张跃获联合国“地球卫士”称号

二、家用空调器的应用环境

我国国土面积大，导致南北、东西温差和湿度等气象环境相差悬殊，为了保证家用空调器的正常使用，国家按照使用气候环境（最高温度）的不同，制定了 GB/T 7725—2004 的标准。它采用了 T1、T2、T3 三种分类方式来区分不同的应用环境，见表 1-3。

表 1-3　家用空调器应用的气候环境　　(单位:℃)

类　型	T1	T2	T3
气候环境	温带气候	低温气候	高温气候
冷风型家用空调器	18～43	10～35	21～52
热泵型家用空调器	-7～43	-7～35	-7～52
电热型家用空调器	≤43	≤35	≤52

用户应针对使用环境的温度，选择相应的家用空调器。

课题二　空调器的分类及应用

一、家用空调器的分类

家用空调器按照功能、结构、制冷方式、压缩机转速、制冷剂、供电方式、净化空气方式等的不同，可以进行不同的分类，其对应分类见表 1-4～表 1-10。

表 1-4　按照功能不同分类

功　能	特　点
冷风型	只能制冷，不能制热
热泵型	具备制冷、制热功能。其制热是通过改变制冷循环系统的方向来实现的
电热型	具备制冷、制热功能。其制热是通过外加一组电热丝（加热装置）来实现的
热泵辅助电热型	是电热型和热泵型的结合体，具备制冷、制热功能。其制热方式具有一定的选择性

表 1-5　按照结构不同分类

结　构	样　图	特　点
整体式		所有部件装在一个机壳内
分体式	壁挂式 落地式 吊顶式 嵌入式	由室内机组和室外机组组成，两者通过管道及电缆线连接在一起。根据室内机组摆放位置的不同，还可以分为壁挂式、落地式（柜式）、吊顶式和嵌入式等

表 1-6　按照制冷方式不同分类

制冷方式	样图	特点
气体压缩式		利用压缩机驱动制冷剂在系统内循环，实现降温的目的。其技术成熟，效果好，寿命长
太阳能制冷式	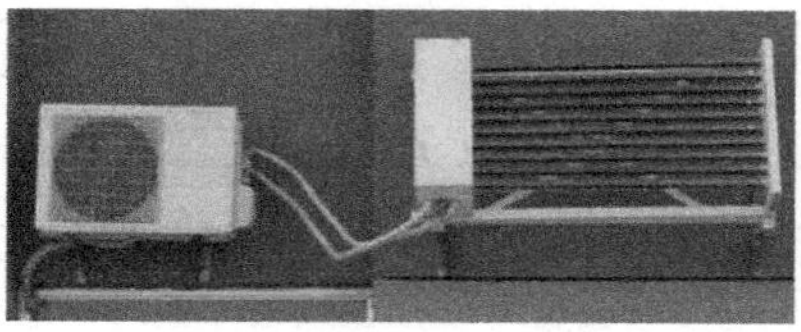	利用太阳能将系统内的氨从液态蒸发出来，在另一个容器内冷却后进入空调器的管道，实现吸收室内热量、降温的目的，具备节能、无污染的特点，是现在发展最快的空调器之一

表 1-7　压缩机转速不同分类

压缩机转速	特点
定频	从开始工作到停止工作期间，压缩机转速始终固定不变，能量消耗大
变频	在工作期间压缩机转速，可以根据环境温度的不同而改变，具备节能的特点

表 1-8　按照制冷剂不同分类

制冷剂类型	灌装瓶样图	特点
有氟		多采用氟利昂 22（F22 或 R22）、混合工质 R502 等制冷剂。其价格便宜，一旦泄漏，对大气臭氧层有一定影响
无氟		多采用 R407C、R410A 等制冷剂。其价格贵，泄漏后对大气臭氧层无影响

表 1-9　按照供电方式不同分类

供电方式	空调器插头外形样图	特点
单相供电		采用一根零线、一根相线和一根保护线的插头与供电插座相连接，所供电为 220V 的交流电。使用这种电压供电的空调器，功率一般都不大
三相供电		采用三根相线、一根零线的插头与供电插座相连接，所供电为 380V 的交流电。空调器的功率往往都比较大

表 1-10　按照净化空气方式不同分类

净化空气方式	特　　点
活性炭除尘技术	室内机组的过滤网利用活性炭的特点对空气中的微尘、异味进行吸附，可以改善室内的空气质量
富氧膜技术	在空调器上加上一层富氧膜。当空气通过富氧膜后，其氧气浓度可提高到30%左右，从而使室内空气中氧气充足
冷触媒技术	空调器室内机组中安装了一种新型空气净化材料——冷触媒，能在常温、常压下使多种有害、有味气体分解成无害、无味物质，一边吸附，一边分解，达到净化空气的效果
静电除尘技术	空调器室内机组的过滤网采用静电处理技术，将含尘空气进行电离，达到净化空气的效果。除此之外，在放电过程中，还可以杀灭细菌等
光触媒技术	空调器室内机组中安装有光触媒材料。它表面的化合物在微弱的光照射下，能有效地降解空气中有毒、有害的气体，能有效杀灭多种细菌，并能将细菌或真菌释放出的毒素进行分解及无害化处理，同时还具备除臭、抗污、净化空气等功能
负离子分解技术	空调器室内机组中安装有负离子发生器。负离子发生器释放负离子，负离子与病毒、霉菌结合，使其结构改变和能量转移，导致其死亡；负离子还可与空气中的烟尘、灰尘颗粒结合，产生沉降，创造清新的室内空气
新风技术	双新风装置有两台风扇，一台风扇将室外新鲜空气送入室内，另一台风扇将室内的污浊空气排到室外。在输送新鲜空气、排出污浊空气的过程中，通过全热交换器将两种空气进行完全的热量交换、湿度交换和回收热能和湿度，得到新鲜空气，排出污浊空气

二、家用空调器的应用

按照家用空调器的分类，人们可以根据自己的需求，再结合使用环境等相关因素，选择自己喜爱的家用空调器。如在卧室安装空调器时，由于卧室不大，人在卧室内休息的时间往往又很长，因此在卧室内一般安装具有净化空气方式的变频、热泵型的单相分体式空调器；又如在客厅安装空调器时，由于客厅往往比较大，可以选择功率大一些的、热泵型或热泵辅助电热型的分体式空调器。

课题三　家用空调器的铭牌

一、家用空调器的产品型号

家用空调器和其他电子产品一样，也有统一的产品型号，如图 1-2 所示。型号中字母的含义见表 1-11，功能代号的含义见表 1-12。

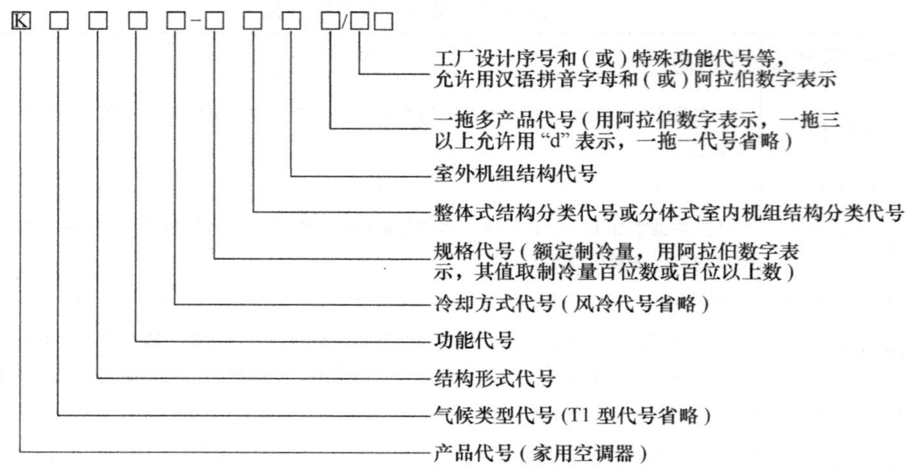

图 1-2　家用空调器的产品型号

表 1-11　家用空调器产品型号中字母的含义

位　置	结构形式代号		功能代号			
字母	C	F	L	R	D	Rd
含义	窗式	分体式	冷风型	热泵型	电加热型	热泵辅助电加热型

位　置	机组结构类型						电源类型
字母	G	D	L	K	T	W	S
含义	壁挂式	吊顶式	落地式	嵌入式	台式	窗外机组	三相

表 1-12　家用空调器产品型号中功能代号的含义

功能代号	S		—	M	H	R1	R2
含　义	三相电电源		低静压风管	中静压风管	高静压风管	制冷剂为 R407C	制冷剂为 R410A
功能代号	BP	BDP	Y	J	Q	X	F
含　义	变频	直流变频	氧吧	高压静电集尘	加湿功能	换新风	负离子

例如：

KC－25 表示 T1 气候型，单冷型窗式空调器，额定制冷量为 2500W。

KFR－25GW 表示 T1 气候型，分体热泵型壁挂式空调器，额定制冷量为 2500W。

KFRd－70LW/S 表示 T1 气候型，分体热泵辅助电热型柜式空调器，额定制冷量为 7000W，采用三相电源供电。

二、家用空调器的铭牌

图 1-3 所示为格力家用空调器的铭牌，型号为 KFR－32GW/(32556)Ga－2。其中，K 表示空调器，F 表示分体式，R 表示热泵型，32 表示制冷量约为 3200W，G 表示室内机组为壁挂式，W 表示具有室外机组，(32556)Ga－2 表示特殊功能代号。

家用空调器产品铭牌上除了型号及命名外，还有许多参数。其主要参数描述见表 1-13。

分体热泵型挂壁式房间空调器

KFR-32GW/(32556)Ga-2

制冷量	3320W
制热量	3660(4660)W
额定电压	220V～
额定频率	50Hz
制冷/制热 额定功率	949/1050(2050)W
电加热管 额定功率	1000W
最大输入功率	1400(2400)W
制冷剂名称及注入量	(见室外机组铭牌)
噪声(室内$\frac{高风档}{超强风档}$/室外)	$\frac{38}{41}$/51dB(A)
循环风量	600m^3/h
防触电保护类别	I
质量(室内/室外)	11kg/(见室外机组铭牌)
排气侧最高工作压力	2.5MPa
吸气侧最高工作压力	0.6MPa
热交换器的最大工作压力	4.0MPa
储液罐允许工作过压	0.9MPa

室内机

KFR-32G(32556)Ga-2

额定电压	220V～
额定频率	50Hz
制冷/制热 额定功率	30/30(1030)W
质量	11kg
出厂编号	139070061273
制造日期	2011.02

GREE

珠海格力电器股份有限公司

TM102b.(32556)Ga2

a) 室内机组铭牌

分体热泵型挂壁式房间空调器

室外机

KFR-32W/C04-2

额定电压	220V～
额定频率	50Hz
制冷/制热 额定功率	919/1020W
最大输入功率	1370W
制冷剂名称及注入量	R22 1.2kg
防水等级	IPX4
质量	36kg
出厂编号	135190065124
制造日期	2011.02

GREE

珠海格力电器股份有限公司

TM111.KFR32WC042

b) 室外机组铭牌

图 1-3　格力家用空调器的铭牌

表 1-13　家用空调器的主要参数

参数名称	参数举例	说　明
制冷量	3320W	表示家用空调器在制冷运行时，在 1h 内从密闭环境中去除了 3320W 的热量，日常生活中人们采用“匹”（HP）描述。匹与制冷量的换算关系：X 匹家用空调器的制冷量为 2326X（W）。如 1 匹的家用空调器具有 2326 ×1 = 2326（W）的制冷量；又如制冷量为 3320W 的家用空调器，具有$\frac{3320}{2326}$匹 = 1.43 匹，即小于 1.5 匹
制热量	3660（4660）W	表示家用空调器在额定工作状态下进行制热时，在 1h 内向密闭环境中送入的热量为 3660W
额定电压/额定频率	220V～/50Hz	表示家用空调器应工作在 220V/50Hz 的交流电状态下
制冷/制热额定功率	949/1050(2050)W	表示家用空调器在制冷状态下的输入额定功率为 949W（949W = 室内机组制冷额定功率 30W + 室外机组制冷额定功率 919W），在制热状态下的输入额定功率为 1050W（1050W = 室内机组制热额定功率 30W + 室外机组制热额定功率 1020W）
电加热管额定功率	1000W	表示家用空调器通过电加热管进行加热，其加热管的功率为 1000W
最大输入功率	1400（2400）W	表示家用空调器在起动过程中消耗的输入功率的最大值为 1400W
制冷剂名称及注入量	见室外机组铭牌	制冷剂名称及注入量为 R22、1.2kg
噪声（室内$\frac{高风档}{超强风档}$室外）	$\frac{38}{41}$/51dB（A）	表示家用空调器的室内机组在高风档位时，产生的噪声小于 38dB；当置于超强风档时，产生的噪声小于 41dB；室外机组产生的噪声小于 51dB
循环风量	600m^3/h	循环风量是指家用空调器在单位时间内向密闭空间或房间送入的风量。如在 1h 内，送入房间的风量为 600m^3

（续）

参数名称		参数举例	说明
防触电保护类型			指家用空调器设备的防触电保护不仅靠基本绝缘，还需将能触及的可导电部分与设施同保护（接地）线相连接，以保障使用人员的人身安全
质量（室内/室外）		11kg(见室外机组铭牌)	表示空调器的室内机组质量为11kg，室外机组质量为36kg
防水等级		ⅠPX4	ⅠPX4属于国际工业标准防水等级IP系列之一，表示液体由任何方向泼到外壳，没有伤害影响
能效比		3.5	所谓能效比也称为性能系数，就是一台家用空调器的制冷量与制冷时的输入功率的比值。通常，家用空调器的能效比接近3或大于3就属于节能型家用空调器。如3320/949≈3.5，该型家用空调器为节能型家用空调器
其他项目	排气侧最高工作压力	2.5MPa	指家用空调器压缩机在工作时，排出气体所能够承受的最高压力
	吸气侧最高工作压力	0.6MPa	指家用空调器压缩机在工作时，吸收进去的气体所能够承受的最高压力
	热交换器最高工作压力	4.0MPa	指家用空调器压缩机在工作时，所能够承受的最高压力
	储液罐允许工作过压	0.9MPa	室外机组中的储液罐在正常工作时允许承受的过压压力

1. 写出家用空调器的分类方法及型号含义。

2. 家用空调器产品型号为KFR－50LW/(50522)FNA和KFR－50TW/(5056)Aa－32，试写出它们的型号含义及应用环境。

综合实训与考核　认识家用空调器的铭牌及使用环境

小组名称		小组组长	
小组成员			
实训目的	学会在安全文明活动中掌握家用空调器的使用环境 掌握正确识读家用空调器的铭牌方法		
实训器材	各种不同类型的、不同使用环境的家用空调器若干		
实训内容	1）在商场中调研家用电器卖场中的家用空调器种类及铭牌 2）走访不同商场、酒店、居家等场合，调研家用空调器的使用环境		
成员分工	（注：描述成员工作分工及工作职责）		
信息收集与整理	（注：家用空调器种类及铭牌汇总）		
	（注：家用空调器的使用环境汇总）		
识读家用空调器的铭牌及使用环境	（注：识读两种不同使用环境下的家用空调器）		
小组自评	年　月　日		
教师评语	签名：　　　　年　月　日		

单元二

空调器的结构

【内容构架】

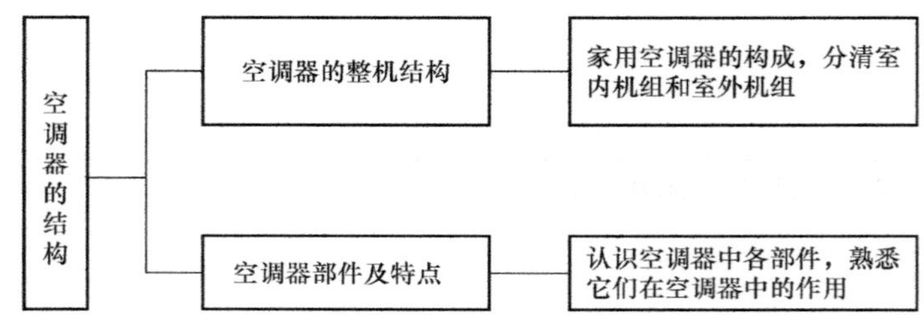

【学习引导】

目的与要求

1）通过对家用空调器的拆装，了解家用空调器的构成，分清室内机组和室外机组。

2）根据所见不同类型的空调器，认识不同形式的空调器在结构形式上的不同。

3）熟悉各部件在空调器中的作用。

重点与难点

重点：室内机组、室外机组的构成。

难点：各部件在空调器中的作用。

课题一　空调器的整机结构

分体式空调器就是把空调器分成室内机组和室外机组两部分，根据室内机组的安装方式不同又可分为分体壁挂式空调器和分体柜式空调器等。无论是壁挂式空调器还是柜式空调器，都是把噪声比较大的轴流风扇、压缩机以及冷凝器等安装在室外机组内，把蒸发器、控制电路和风扇电动机等室内不可缺少的部分安装在室内机组中。

分体式空调器由室内机组、室外机组以及连接管道和电缆线组成，其实物图如图 2-1 所示。

1. 室内机组

分体壁挂式空调器室内机组的基本结构如图 2-2 所示。

a) 壁挂式室内机组　　b) 柜式室内机组

c) 单风扇室外机组　　d) 双风扇室外机组

图 2-1　分体式空调器

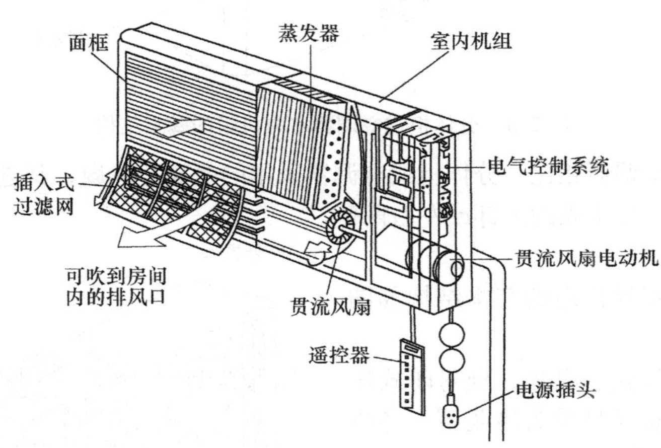

图 2-2　分体壁挂式空调器室内机组的基本结构

室内机组一般做成长方体，由面框、室内热交换器（冷风型为蒸发器，热泵型夏季为蒸发器、冬季为冷凝器）、贯流风扇电动扇及贯流风扇电动机、电气控制系统和接水盘等组成。外壳前面上部是室内回风的百叶进风栅及插入式过滤网，下部是百叶送风栅；室内热交换器斜装在机壳内回风进风栅的后部，即机壳内上部；贯流风扇电动机装于机壳内送风栅的后部，即机壳下部，它把吸入的室内回风经室内热交换器处理（夏季降温，冬季加热）后吹送入房间内；机壳后部装有与室外机组中的压缩机和热交换器连接的气管、液管等管头。电气控制系统与风扇电动机装于机壳内的一端，电气控制系统位于上部，风扇电动机位于下部，并与风扇共轴；机壳底部为接水盘，并装有排放冷凝水的接管管头。

分体柜式空调器室内机组的基本结构如图 2-3 所示。

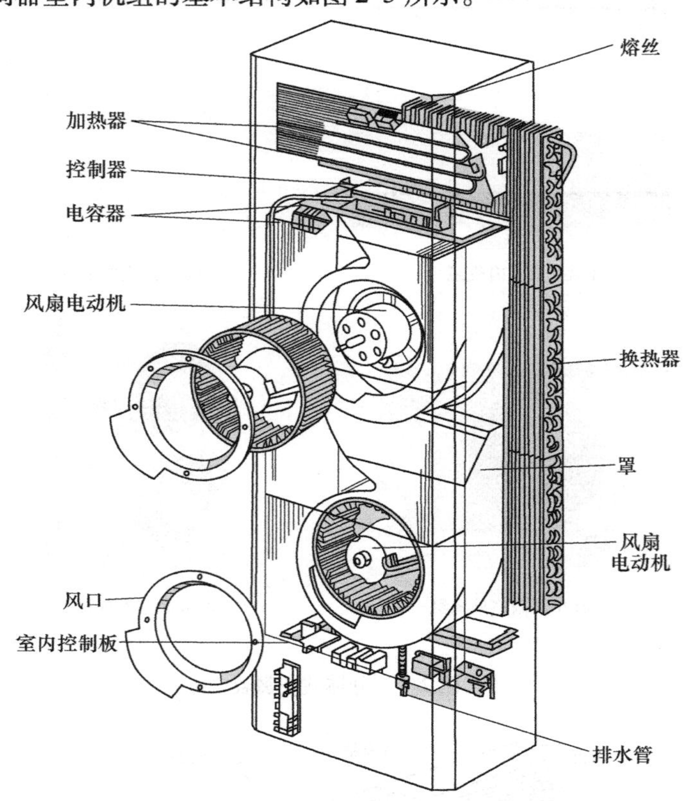

图 2-3　分体柜式空调器室内机组的基本结构

与分体壁挂式空调器相比，分体柜式空调器采用的是离心风扇，其进风口在机壳的下部或左右两侧，出风口在机壳的上部或左右两侧。

2. 室外机组

分体式空调器室外机组的基本结构如图 2-4 所示。

室外机组包括外壳、底盘、全封闭式压缩机、室外热交换器（夏季为冷凝器，冬季为蒸发器）、毛细管和冷却用轴流风扇及风扇电动机以及制冷系统的附件（如气液分离器、过滤器、电磁继电器、高低压开关、超温保护器）等。热泵型空调器还包括电磁换向阀和除霜温度控制器等。制冷量大的柜式空调器为了达到冷凝效果，常采用两个轴流风扇。

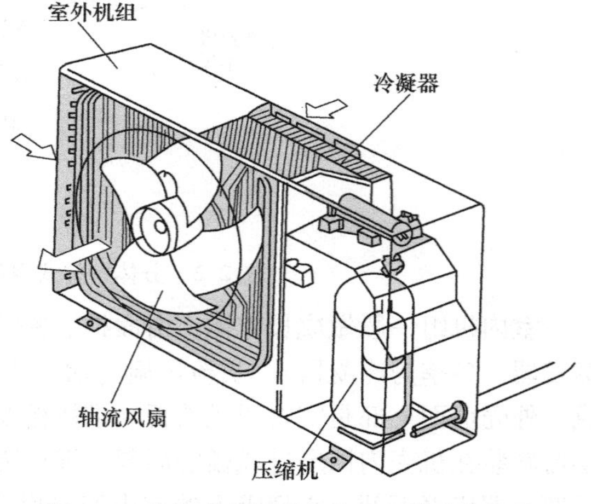

图 2-4　分体式空调器室外机组的基本结构

室外机组的外壳由薄钢板制成，后部、顶部、下部及一侧面开有冷却冷凝器的进风口；前面设有轴流风扇的导风圈及排风护罩；外壳后面另一侧下部装有供与室内机组连接的制冷剂气管和液管的管接头，该侧面上方设有连接导线的接线窗口。

压缩机、冷凝器等制冷系统部件及轴流风扇都装在底盘上，并用固定于底盘上的隔板在外壳内一端形成一个放置压缩机及电气元件等的小室。电气室位于压缩机的上部，盖好外壳后，雨水不能淋入，以保证露天放置的室外机组能安全运行。

3. 连接管道

连接室内、室外机组的制冷剂管有两根。其中一根为液管，是高压管，较细；另一根为气管，是低压管，较粗。这两根管都是纯铜管，并经退火酸洗处理，质地较软，表面无氧化层和油污。

课题二 空调器部件及特点

空调器制冷系统主要由压缩机、冷凝器、节流元件和蒸发器等组成，此外还包括一些辅助元器件，如干燥过滤器和电磁四通换向阀等。

一、压缩机

压缩机是空调器制冷系统的心脏，其实物图如图 2-5 所示。系统中制冷剂的流动和循环，是靠压缩机的运转来实现的。制冷剂的压缩过程为：制冷压缩机从蒸发器吸入有一定过热度的制冷剂气体，经制冷压缩机压缩，提高压力和温度后，排入冷凝器。

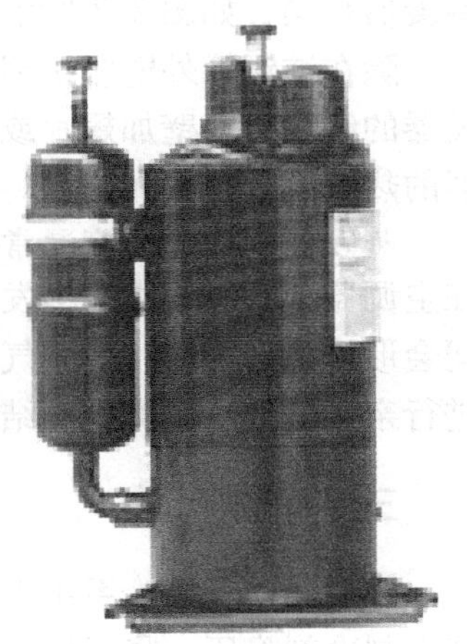

图 2-5 制冷压缩机实物图

目前，家用空调器使用的制冷压缩机多为全封闭式压缩机。全封闭式压缩机的外壳由上、下两壳体焊接而成，电动机和压缩机组成的机芯共同封装在机壳内，机芯通过减振弹簧和机壳连接。目前，家用空调器使用的全封闭式压缩机主要有往复活塞式压缩机和回转式压缩机两种。

二、热交换器

冷凝器和蒸发器统称为热交换器，也称为换热器。家用空调器使用的冷凝器和蒸发器都为风冷翅片式结构。

1. 冷凝器

冷凝器是一种高压部件，安装在压缩机排气口和干燥过滤器之间。它将压缩机排出的高压、高温的制冷剂气体，通过冷凝器的外壁和翅片将热量传给周围的空气而凝结为液体。在凝结过程中，冷凝压力不变，制冷剂温度降低。

家用空调器通常采用风冷翅片式冷凝器，它是在纯铜管上胀接纯铝翅片而成的。胀接翅片的目的是增加传热面积，加强空气的扰动性，提高冷凝器在空气侧的传热效率。根据室外机组的不同结构，可以把冷凝器做成不同的形状，如图 2-6 所示。

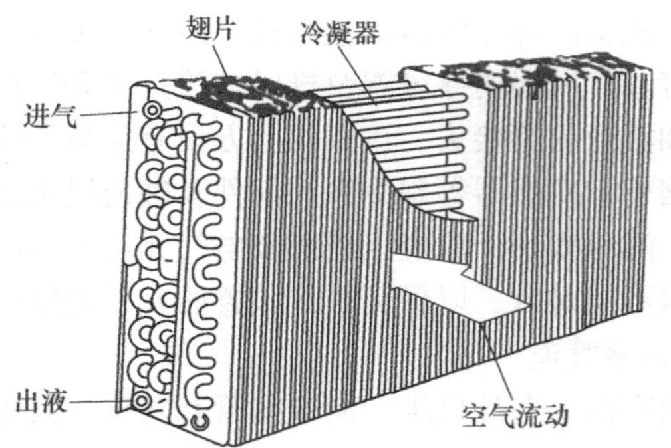

图 2-6　冷凝器的结构

2. 蒸发器

蒸发器是一种低压部件，也是制冷系统的直接制冷部件，装在毛细管和压缩机吸入口之间。经毛细管节流降压后的低温、低压制冷剂进入蒸发器后，在蒸发器内部变成低压饱和气体的过程中，吸收外界热量，从而达到制冷降温的目的。

家用空调器通常采用风冷翅片式蒸发器，其结构与冷凝器相同，如图 2-7 所示。

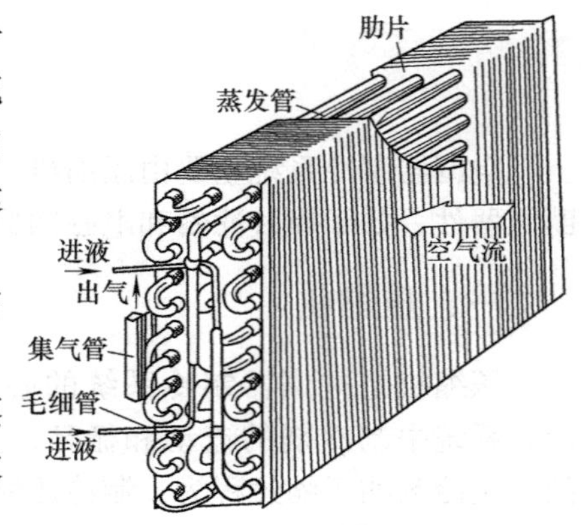

图 2-7　蒸发器的结构

除在纯铜管外壁胀接翅片外，高档空调器往往在蒸发器的纯铜管内壁加翅片或在内壁加工螺旋纹，使蒸发器的热交换效率大大提高。

蒸发器表面的温度通常低于空气的露点温度，所以在空调器工作过程中，蒸发器表面会有凝结水产生。凝结水由于受表面张力的作用，在翅片间会形成局部桥路，使空气流通截面减小，降低了蒸发器的换热效率。因此，需对翅片表面进行亲水处理，以降低凝结水的表面张力，提高蒸发器的换热效率。

三、节流元件

节流元件是制冷系统中降压和调节制冷剂流量的装置。它可把从冷凝器来的高压、高温液态制冷剂降压、降温后，供给蒸发器，从而使蒸发器获得所需要的蒸发温度和蒸发压力。家用空调器中常用的节流元件是毛细管和膨胀阀。

1. 毛细管

毛细管是一根孔径很小、长度较长且多盘圈状的纯铜管。根据流体力学原理，任何一种流体在管内流动时，由于要克服管壁的摩擦力，其出口压力就要降低，且管径越细，管道越长，则其流动的阻力越大，压力降低越多，流量越小。可见，在冷凝器和蒸发器之间连接一根细而长的毛细管，就可起到节流降压和控制制冷剂流量的作用。

毛细管一般采用内径为 0.6～2.0mm 的纯铜管来制作，其长度根据制冷系统性能匹配后的流量而定。所以，在维修空调器时，不要随意变更原空调器的毛细管。

2. 膨胀阀

膨胀阀既是制冷系统的节流元件，又是制冷剂流量的调节控制元件。家用空调器常用膨

胀阀主要分为内平衡式热力膨胀阀和电子膨胀阀两种。图 2-8a 所示为内平衡式热力膨胀阀，图 2-8b 所示为电子膨胀阀。

改变电子膨胀阀孔的大小，可调节制冷剂流量，其控制精度高，适于与微处理器控制相结合，使制冷系统主要部件的运行逼近最佳匹配，从而大大提高能效比。

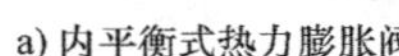
a) 内平衡式热力膨胀阀

b) 电子膨胀阀

图 2-8　膨胀阀

四、辅助元器件

1. 干燥过滤器

毛细管的管径很小，易被杂质堵塞（称为脏堵）；若制冷系统中含有水，还会由于毛细管出口端温度低而容易结冰，造成毛细管堵塞（称为冰堵）。所以，应在冷凝器出口和毛细管之间串接干燥过滤器。

图 2-9 和图 2-10 所示为干燥过滤器的实物图和结构图。其外形为圆筒状，其中过滤网设置在过滤器较细的一端，另一端设置滤栅，在这两端之间充满着干燥剂。

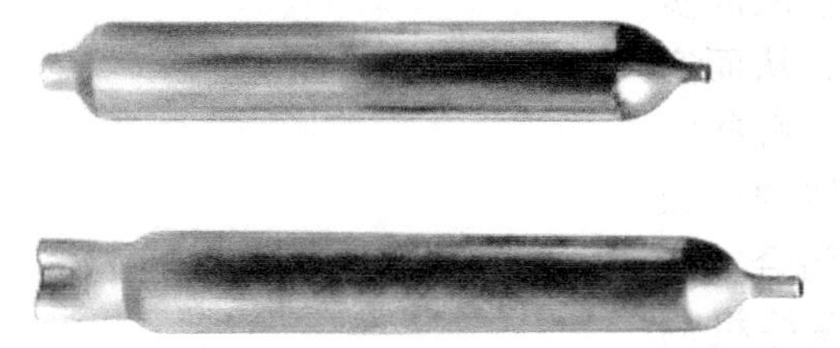
图 2-9　干燥过滤器的实物图

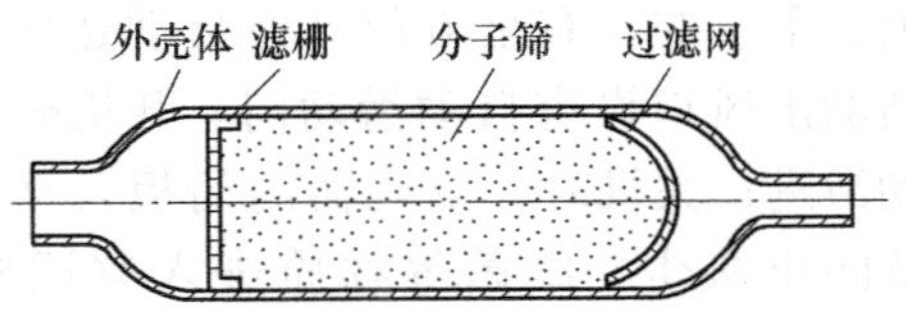

图 2-10　干燥过滤器的结构图

2. 电磁四通换向阀

电磁四通换向阀又简称为换向阀或四通阀，常用在热泵型空调器上。它可以根据制冷和制热的不同要求来改变制冷剂的流动方向。电磁四通换向阀的外形如图 2-11 所示。

图 2-11　电磁四通换向阀的外形

五、空气循环系统

空气循环系统由空气过滤器，风扇，进、出风栅和电动机等组成。

1. 空气过滤器

空气过滤器是由各种纤维制成的、细密的滤尘网。室内空气首先通过空气过滤网滤除空气中的尘埃，再进入蒸发器进行热交换。功能完善的空气过滤器能滤除 0.01μm 的烟尘，并有防霉、防螨虫、灭菌、吸附有害气体、产生负离子等功能。

2. 风扇

窗式、分体式空调器及一些柜式空调器均采用风冷式热交换器。它是通过空气的对流与

热交换器进行热交换的。空调器中的风扇主要有离心风扇、轴流风扇和贯流风扇，如图2-12所示。窗式空调器和柜式空调器蒸发器的换热主要采用离心风扇，分体壁挂式空调器主要采用贯流风扇，而空调器冷凝器的换热均采用轴流风扇。

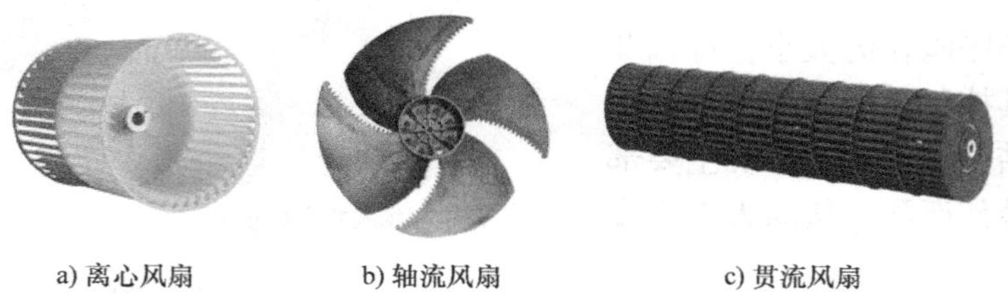

a) 离心风扇　　b) 轴流风扇　　c) 贯流风扇

图 2-12　空调器风扇

3. 进风栅与出风栅

进风栅为空气进入室内机组的通道，一般制成固定的形式，有横式和竖式两种。出风栅是由水平（外层）和垂直（内层）的导风叶片组成的出风口，如图 2-13 所示。

图 2-13　出风栅

空调器设有摇风装置。摇风装置利用微型永磁同步电动机带动连杆系统，推动导风叶片来回摆动，从而实现上、下、左、右全方位立体自动送风。另外，有些空调器的出风口设有自动滑动门。开机时，空调器的门板自动滑进；关机时，空调器的门板自动升高、闭合，能有效防止灰尘、细菌等物质进入空调器内，保持机内清洁。

一、简答题

1. 写出壁挂式、柜式空调器室内机组和室外机组各部件的名称。
2. 简述空调器压缩机的作用。
3. 空调器的节流元件有哪些类型？干燥过滤器的作用是什么？

二、实践题

收集空调器所有类型风扇的照片，并指出它们的应用环境。

综合实训与考核　识读空调器的组成部件

小组名称		小组组长	
小组成员			
实训目的	学会在安全文明活动中正确识读空调器的组成部件 掌握空调器主要部件的作用		
实训器材	组合螺钉旋具1套、12英寸（约300mm）扳手1把、尖嘴钳子1把、照相器具1个、计算机1台、打印机1台、A4纸若干、文具一套及若干不同类型的空调器		
实训内容	1）根据不同空调器的结构，正确识读空调器各部件 2）描述空调器主要部件的作用		
成员分工	（注：描述成员工作分工及工作职责）		
识读空调器的部件	（注：各成员对空调器内部进行拍照、打印，在打印纸上写出空调器部件名称及主要部件的作用，然后再将打印纸粘贴在此处）		
小组自评	年　月　日		
教师评语	签名：　　年　月　日		

单元三

空调器的工作原理

【内容构架】

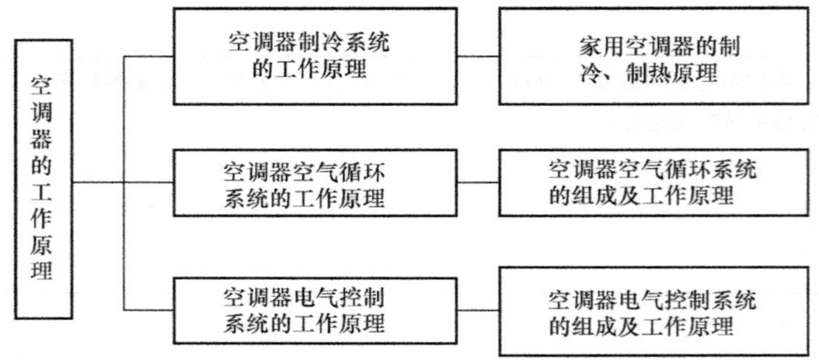

【学习引导】

目的与要求

1）了解空调器的功能，进一步理解空气调节的概念。

2）掌握空调器制冷、制热的工作原理。

3）了解空调器空气循环系统的组成及工作原理。

4）了解空调器的电控系统，理解整机电气控制系统的工作原理。

重点与难点

重点：家用空调器的制冷、制热原理。

难点：空调器空气循环系统及电气控制系统的工作原理。

课题一　空调器制冷系统的工作原理

一、空调器的功能

空调器是一种向相对封闭空间、房间或区域直接提供经过处理的空气的设备。一般空调器都具备对温度、湿度、洁净度和气流速度进行调节的四大功能。

1. 温度调节

根据需要，改变空调器设置参数，可以在一定范围内调节房间内的温度。夏季应使房间内的温度保持在26～28℃，冬季应保持在18～20℃。对于恒温恒湿调节，房间内的温度一般为20～25℃。

2. 湿度调节

房间内空气太潮湿或太干燥都会使人感到不舒服。炎热的夏季，在同样高的气温下，空气潮湿就会比空气干燥时感到闷热；寒冷的冬季，空气越潮湿反而觉得越阴冷。因此，空调房间内除保持一定的温度外，还应保持一定的湿度。人感觉比较舒适的湿度，在冬季空气的相对湿度为40%～50%，在夏季空气的相对湿度为50%～60%。

3. 空气的净化

空气中一般都含有灰尘和悬浮状的微小颗粒，这些尘埃常带有各种病菌，会随着人的呼吸进入身体，危害人的健康。一些特殊场所，例如精密仪器厂和计算机房等，都对空气净化有比较高的要求。如果这些场所的空气达不到净化要求，将会影响产品的质量、设备的正常运行，甚至造成元件的损坏等，所以对空气进行净化处理是非常必要的。

空气的净化是靠空气过滤器实现的。此外，一些空调器厂家还将光触媒、负离子发生器等新技术应用于空调器的空气净化上，更大程度地满足了人们对健康生活的需求。

4. 气流速度的调节

气流速度调节也称为风速调节。冷风、热风以一定的风速向房间内射流，房间内的空气又回流到空调器的吸风口，使室内空气循环，给人以清凉或暖和之感，那是因为空气的流动加快了冷、热的传递。同样，在定速和变速的气流下，人们的感觉也不同。在变速的气流中，人们会感觉更舒服一些。对于空调房间来说，空气的流速以小于0.25m/s的低速变动为宜，一般不超过0.5m/s。空调器的风速调节由通风系统实现。

二、空调器的工作原理

空调器的基本功能是对房间内空气的温度和湿度进行调节。根据调节对象的不同，空调器有制冷、制热和除湿三种工作状态。这三种工作状态分别称为制冷工况、制热工况和除湿工况。

1. 制冷工况

物质有三种状态固态、液态和气态。固态向液态、气态转化过程中要吸收热量，而气态向液态、固态转化过程中要释放热量。根据这一原理，空调器通过制冷剂在循环体内物质状态的改变，不断将房间内多余的热量转移到房间外，使房间内的温度保持在一个舒适的范围内。

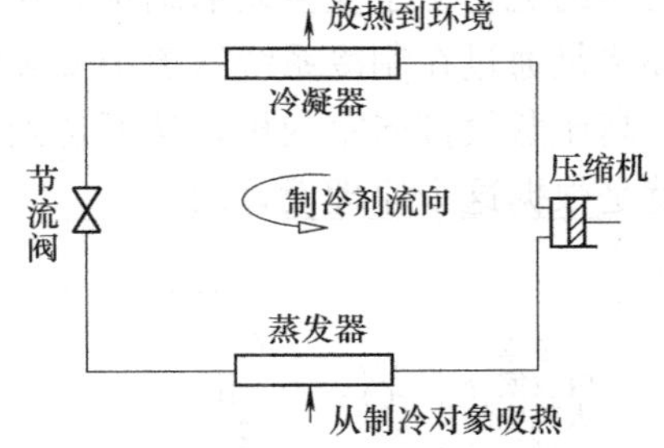

图3-1　空调器制冷工况的工作原理图

图3-1所示为空调器制冷工况的工作原理图。由图可知：制冷剂在一个封闭的环路中按照单一方向运行，这个环路称为循环系统。制冷剂在循环系统中先被压缩机吸入，在压缩机内部被压缩，制冷剂从低温、低压的蒸气转换成高温、高压的蒸气，并被排入冷凝器中；在冷凝器中，由于制冷剂温度高于环境温度，故制冷剂向外界放热，同时制冷剂由蒸气状态逐步过渡到常温、高压的液体状态。如果冷却条件允许，制冷剂液体的温度将继续降低，转化为过冷液体。

冷凝后的常温、高压制冷剂液体进入又细又长的毛细管中进行节流降压，同时少量制冷剂液体因沸腾吸热而使制冷剂变成低温、低压的湿蒸气，为在蒸发器中蒸发创造了条件。

在蒸发器中，制冷剂湿蒸气中的液体吸收空调房间内空气的热量，蒸发器外表面及周围的空气被冷却。制冷剂的蒸发过程是吸热过程，在这一过程中，制冷剂的状态变化是循序渐进的，从毛细管末端少量气体的出现，随后蒸气所占的比例逐渐增多，液体逐渐减少，到全部变为制冷剂蒸气。在蒸发器末端和压缩机的回气管中，制冷剂继续从环境吸热，为压缩机的吸气做好准备，从而完成一个制冷循环过程。

综上所述，制冷循环由如下四个过程组成：

（1）压缩过程　由蒸发器排出的低温、低压的制冷剂蒸气被压缩机吸入。在压缩机中，制冷剂蒸气被快速压缩成高温、高压的过热蒸气后送入冷凝器。压缩过程是一个升压过程。

（2）冷凝过程　来自压缩机的高温、高压制冷剂蒸气，被冷却介质冷却，冷凝成常温、高压的液体。制冷剂的冷凝过程是一个放热过程。

（3）节流过程　进入毛细管或膨胀阀的制冷剂液体被节流降压成低温、低压的湿蒸气。节流过程是一个降压过程。

（4）蒸发过程　低温、低压的制冷剂湿蒸气在蒸发器中吸收房间内空气的热量变成蒸气，同时降低了室内温度，实现了制冷的目的。制冷剂的蒸发过程是一个吸热过程。

在上述四个过程中，制冷剂状态的变化见表 3-1。

表 3-1　制冷剂状态的变化

部　件	状　态	温度变化	压力变化
压缩机	气态	低温→高温	低压→高压
冷凝器	气→液	高温→常温	低压→高压
毛细管（膨胀阀）	液态	常温→低温	高压→低压
蒸发器	液→气	常温→低温	低压

2. 制热工况

夏天空调器室外机组排出的是热风，而室内机组排出的是冷风，以达到降低室内空气温度的目的。那么，在冬季需要取暖时，能否将空调器室内、室外机对调，实现向室内释放热风的目的呢？由于受空调器结构、安装等很多客观因素的限制，显然对调是不能实现的。实际办法是通过在制冷系统管道中安装电磁四通换向阀改变制冷剂流向，将压缩机排气口的高温、高压蒸气排向室内机，从而达到向室内供热的目的。图 3-2 所示的热泵型空调器制热过程就是根据这个原理设计的。

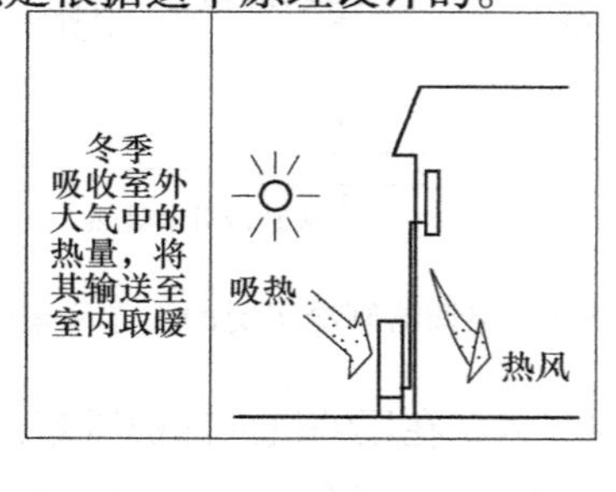

a) 设计图

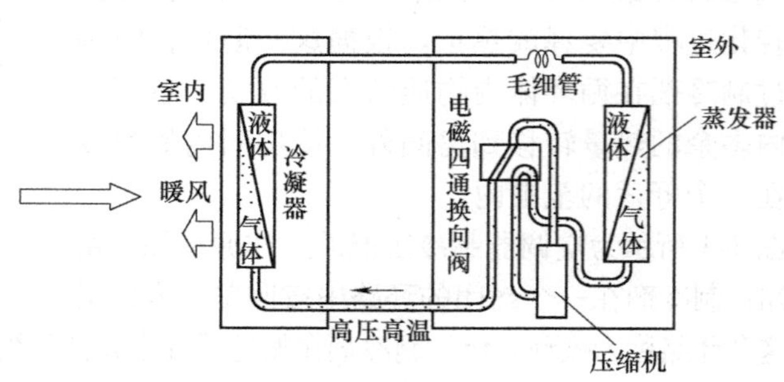

b) 制热循环原理图

图 3-2　空调器制热循环

3. 除湿工况

空调器在制冷工况时，当蒸发器外表面的温度低于房间空气的露点温度时，空气中的水蒸气就会凝结成水，通过排水管排出室外，从而降低了室内空气的湿度，起到除湿的作用。但是，室内空气的湿度降低，是指绝对湿度降低，并不等于相对湿度也降低，而影响人们对湿度舒适感觉的是空气的相对湿度。为了降低相对湿度，有些空调器增加了独立的除湿功能。

三、冷风型空调器的工作原理

国内常用的家用空调器绝大部分是分体式空调器，而分体式空调器按功能不同可分为冷风型（单冷型）、热泵型、电热型和热泵辅助电热型四种。本课题以冷风型分体式空调器为例，介绍空调器制冷系统的工作原理。

冷风型分体式空调器的室内机组和室外机组之间通过管接头和高低压截止阀与制冷管道连接，形成封闭系统。图3-3所示为冷风型空调器的工作原理。

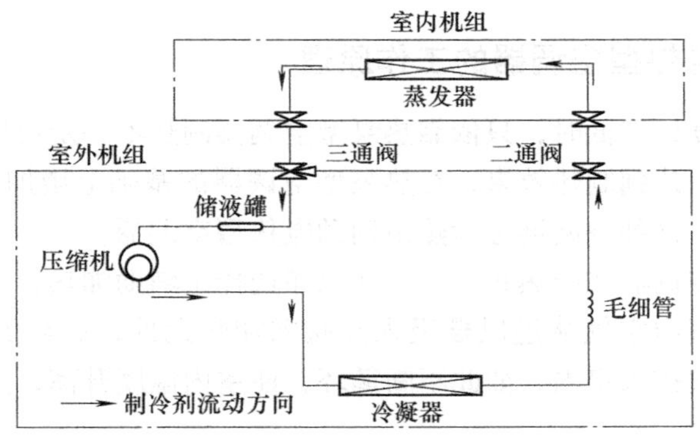

图3-3　冷风型空调器的工作原理

液态制冷剂在室内机组蒸发器内被蒸发汽化后，进入室外机组压缩机中，由压缩机压缩成高温、高压的气体，然后排入室外机组的热交换器（俗称冷凝器）中。高温、高压的气体制冷剂在冷凝管中与室外空气进行热交换，被冷却成中温、高压的液体。室外空气吸收热量后，温度升高，被排到外界环境中。由冷凝管出来的中温、高压液体经毛细管节流、减压、降温，使其温度和压力均下降到原来的低温、低压状态。

从毛细管流出的低温、低压液体流入室内机组的热交换器（蒸发器）中，与房间内的空气进行热交换。液态的制冷剂由于吸收房间空气中的热量由液体变成气体，房间内的空气热量被带走，致使房间温度下降。

在制冷过程中，蒸发器表面的温度通常低于被冷却的室内空气的露点温度，空气中的水蒸气不断在蒸发器表面凝结成水，冷凝水汇集在接水盘中，由排水管排到室外。

四、热泵型空调器的工作原理

热泵型空调器在原有制冷系统上增加了一个四通电磁阀（又称电磁四通换向阀）、一个单向阀和制热毛细管，以完成制热。图3-4所示为热泵型空调器的工作原理图，其制冷工作原理与冷风型空调器相同。

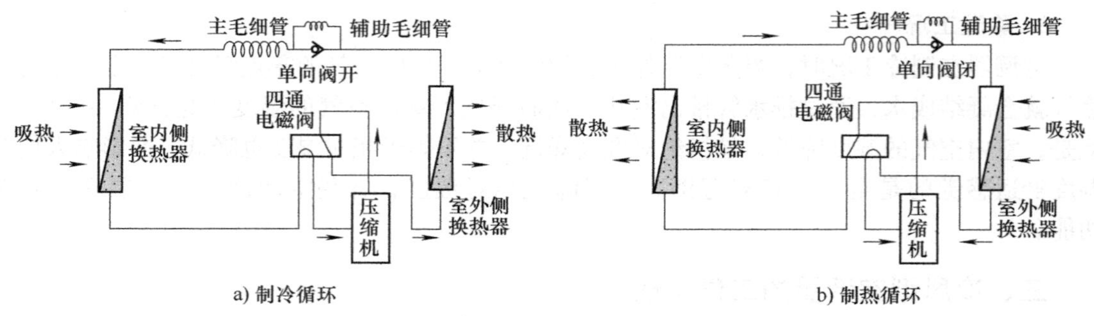

图 3-4 热泵型空调器的工作原理图

在图 3-4b 中，通过四通电磁阀换向，将制冷系统的吸、排气管的位置进行调换，原来制冷工作时作为蒸发器的室内热交换器，变成制热时的冷凝器；制冷时作为冷凝器的室外热交换器，变成制热时的蒸发器。这样使制冷系统在室外吸热，再向室内放热，达到使室内温度升高的目的。

五、热泵辅助电热型空调器的工作原理

当外界的环境温度比较低时，只依靠热泵型空调器制热不一定可以达到预期的效果。为了快速提高环境温度，达到制热效果，在热泵型空调器的基础上增加了一套辅助加热器件，用于对室内空气加热，这种空调器称为热泵辅助电热型空调器。

热泵辅助电热型空调器在制热状态下，如果还选择了辅助加热，则在通电后，辅助加热元件表面温度升高，室内空气从进风栅吸入并吹向加热元件，流经加热元件加热后温度升高，升温后的空气又被排入室内，如此不断循环，使室内温度升高，进而达到设定的温度。

课题二 空调器空气循环系统的工作原理

空气循环是利用空调器内部的风扇强迫室内、室外空气按一定路线对流的过程，其目的是提高热交换器的热交换效率。

一、空气循环系统的分类与特点

空气循环系统可以分为室内空气循环系统、室外空气循环系统和新风系统，它们的特点见表 3-2。

表 3-2 空气循环系统的特点

名　称	特　点
室内空气循环系统	将室内空气从机组面板上的进风栅吸入机内，经过空气过滤器净化后，进入室内热交换器进行热交换，交换后的空气吸入风扇，从空调器的出风栅出风口再吹入室内的过程
室外空气循环系统	将室外强对流空气经过室外热交换器进行热交换后，经室外轴流式风扇吹出，从室外机组出风栅排出的过程
新风系统	给室内补充室外的新鲜空气。分体式空调器有的带有换新风功能，没有换新风功能的分体式空调器要常开窗通风，补充室外的新鲜空气

空气循环系统的作用是使强对流风流经室内、室外热交换器，促进热交换，促使空调器的制冷（制热）空气在房间内流动，以达到房间各处均匀降温（升温）的目的。

二、窗式空调器空气循环系统

1. 窗式空调器制冷空气循环系统

窗式空调器室内空气循环如图 3-5 所示。室内空气从回风口进入空调器，通过滤尘网后，进入室内侧蒸发器进行热交换，冷却后再吸入离心风扇，冷风最后由送风口吹回室内。

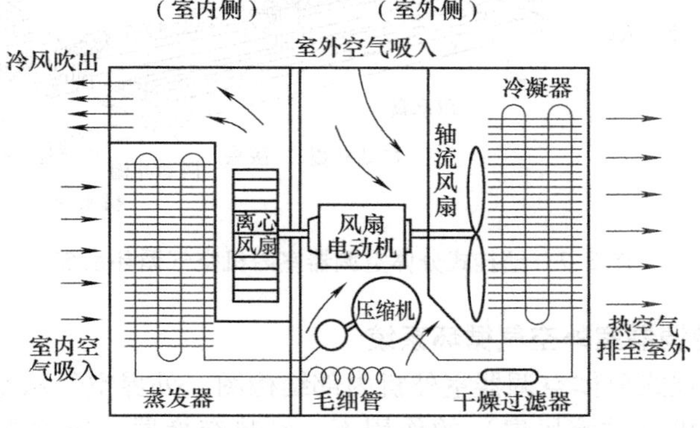

图 3-5　窗式空调器室内空气循环

室外空气循环和室内空气循环是彼此独立的两个循环系统，这两个循环系统用隔板隔开。

室外空气从空调器左、右两侧的进风口进入，经风扇吹向室外侧的冷凝器，热交换后的热空气从空调器背后的出风口排到室外。

2. 窗式空调器新风空气循环系统

为了使空调房间与室外交换新鲜空气，多数窗式空调器设有排气门和新风门，如图 3-6 所示。打开空调器面板上的开关，即可吸入新鲜空气或将室内混浊空气排出室外。

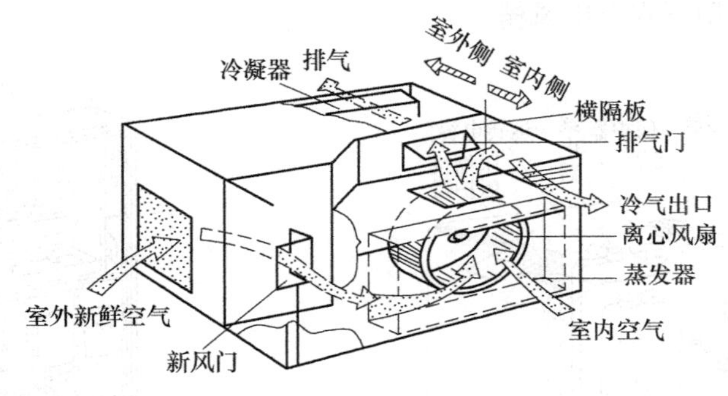

图 3-6　空调器新风循环系统

三、壁挂式分体空调器空气循环系统

1. 壁挂式分体空调器室内空气循环系统

图 3-7 所示为壁挂式分体空调器室内机空气循环系统。在轴流风扇的作用下，室内空气

从上面和正面的风栅进入空调器内部，经空气过滤网或空气处理装置净化后，再经蒸发器到涡壳组件，最后由步进电动机控制摆风叶栅完成循环。

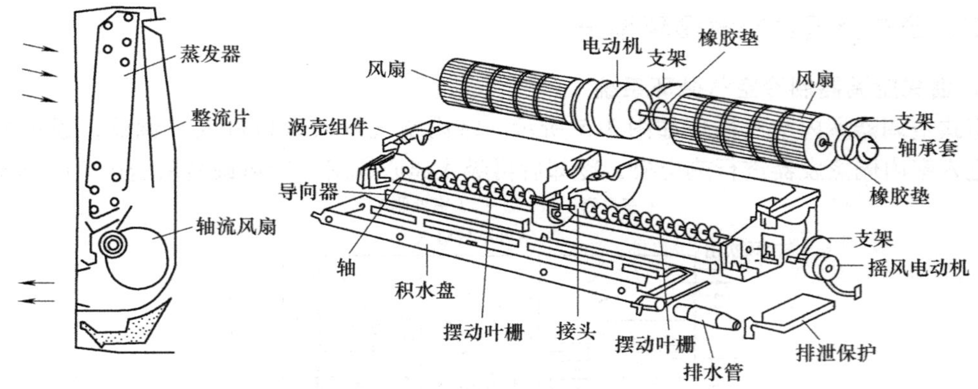

图 3-7　壁挂式分体空调器室内机空气循环系统

2. 壁挂式分体空调器室外空气循环系统

图 3-8 所示为壁挂式分体空调器室外机内部结构图。外界空气从空调器背面和一边的侧面进入，在风扇电动机（轴流风扇）的作用下，经热交换器、压缩机交换热量后，从正面的出风栅格中吹出，完成循环。

四、落地式空调器空气循环系统

落地式空调器空气循环系统由室内、室外空气循环系统组成。其室外空气循环系统与壁挂式分体空调器室外空气循环系统相同，而其室内空气循环系统在结构上却与壁挂式分体空调器有比较大的区别。图 3-9 所示为落地式空调器室内机组结构图。其室内空气从室内机组正面下部进入，在离心风扇的作用下，经空气过滤网或空气处理装置到达风道，再经过风道送至热交换器（室内蒸发器），与热交换器交换热量后，变成冷空气或热空气，在同步电动机控制的扫风叶片作用下吹出出风栅。

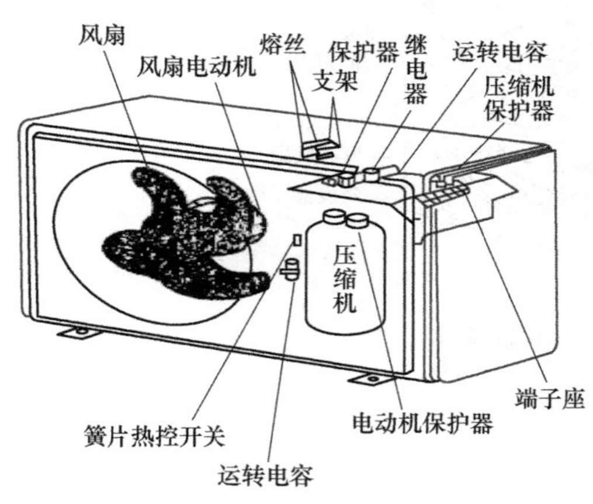

图 3-8　壁挂式分体空调器室外机内部结构图

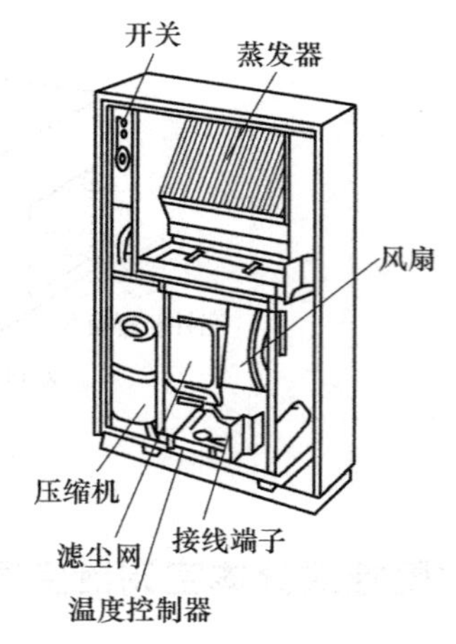

图 3-9　落地式空调器室内机组结构图

课题三　空调器电气控制系统的工作原理

一、冷风型壁挂式空调器的电气控制系统

分体式空调器目前普遍采用微型计算机控制技术。其控制功能从单一的制冷、通风发展到现在具有自动制冷、制热运行、独立除湿、变频控制、定时、睡眠运行等多种控制功能，使空调器的控制技术越来越复杂。图3-10所示为分体式空调器控制电路方框图，主要由室内机组的控制电路和室外机组的执行电路两部分组成。

1. 室内机组控制电路

室内机组控制电路主要由四部分组成，其方框图如图3-11所示，各部分功能说明见表3-3。

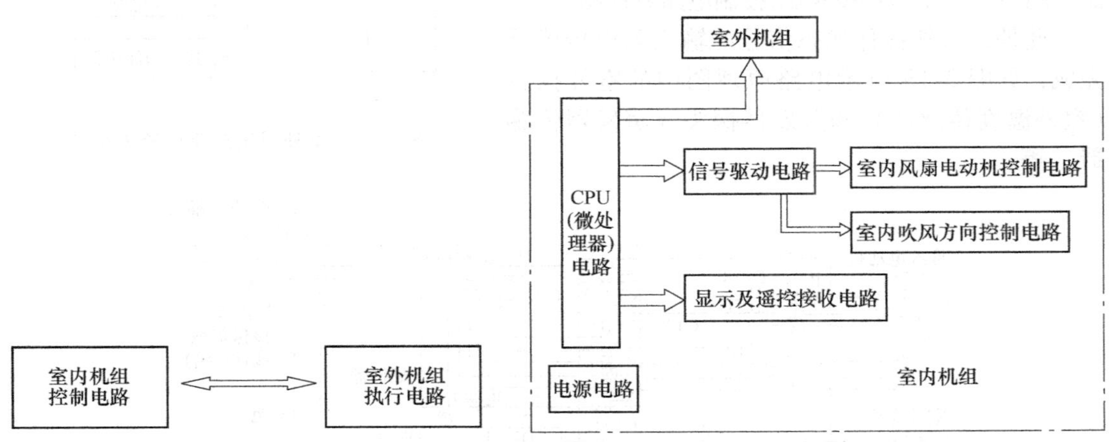

图3-10　分体式空调器控制电路方框图　　图3-11　室内机组控制电路方框图

表3-3　室内机组控制电路各部分功能说明

组成部分名称	功能说明
微处理器电路	微处理器电路是空调器控制的核心。它根据使用者发生的信号和各传感器反馈的信息，按照设计的控制规律和固化在芯片内的控制程序发出控制指令，使整个系统协调运行
电源电路	它给各电气控制板中各工作元器件提供电能。该部分对220V交流电进行整流、滤波、稳压处理，输出两组直流电源，一组提供给微处理器，另一组提供给驱动器
显示及遥控接收电路	显示及遥控接收电路主要显示空调的工作状态，一般采用一块专门的电路板完成其功能 遥控器部分主要是根据使用者的要求设定温度、风速、定时等各种控制信号，再由遥控器上的红外发光二极管发出红外光信号，由微型计算机根据接收到的信号发出相应的控制命令。遥控器上也有一个微型计算机，它可以将环境温度和前一次锁定的状态显示出来，并设有操作键，供用户根据需要进行功能设置

（续）

组成部分名称		功 能 说 明
信号驱动电路	室内风扇电动机控制电路	主要由室内风扇电动机的驱动电路和相关调速控制电路组成，控制室内风扇电动机正常运转
	室内吹风方向控制电路	挂机的室内吹风方向控制通常称为摆风控制，由直流电动机带动摆风叶片上下摆动，控制吹风方向。柜机的室内吹风控制称为扫风控制，由交流同步电动机带动扫风叶片左右摆动，控制吹风方向

2. 室外机组控制电路

室外机组控制部件是室内受控部件部分的延伸，其中压缩机、轴流风扇、四通电磁阀电路和一些其他功能电路等都受微型计算机输出指令的控制。图3-12所示为室外机组控制电路方框图。

此外，室外各种状态信号的输入则由传感器完成，如图3-13所示电路原理图中的室外探头（室外温度传感器）和蒸发器探头（蒸发器传感器）等。

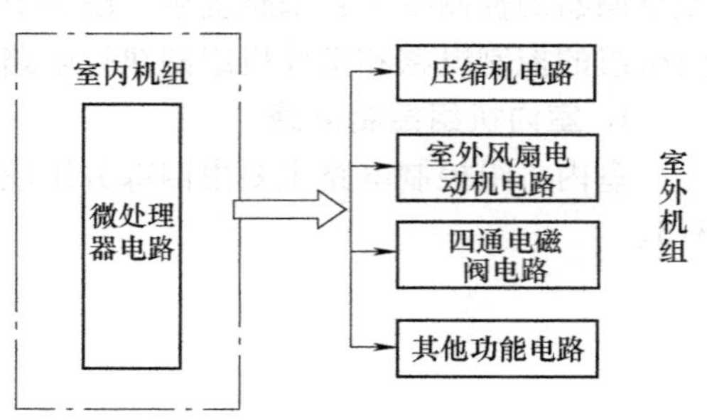

图3-12　室外机组控制电路方框图

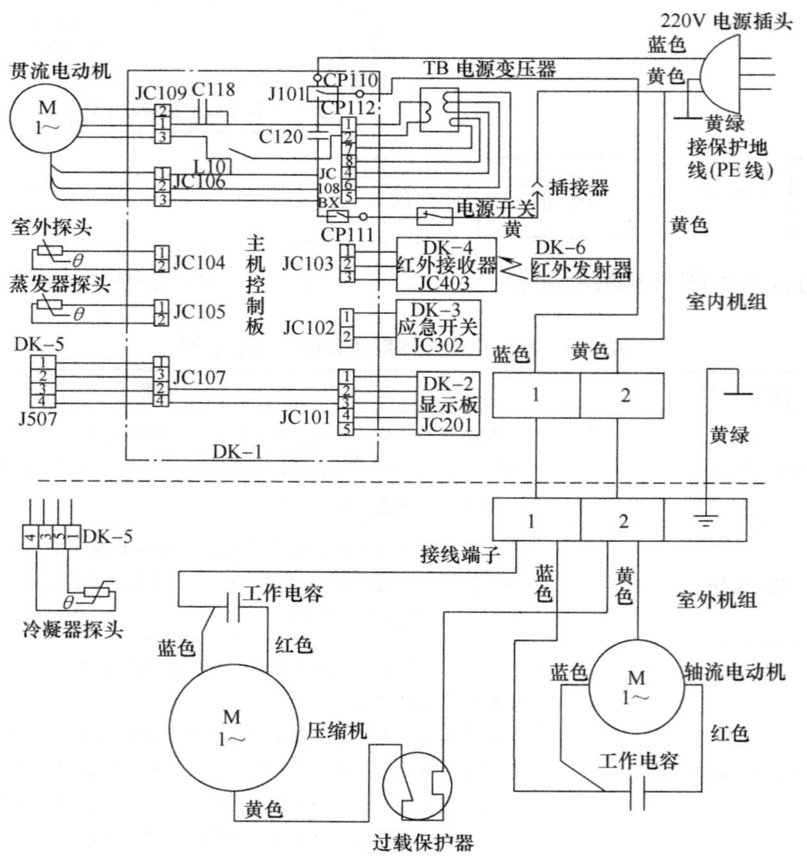

图3-13　冷风型壁挂式空调器电气控制系统原理图

二、热泵型壁挂式空调器的电气控制系统

热泵型壁挂式空调器基本上采用微型计算机控制电路，其控制原理与冷风型壁挂式空调器基本相同。除具有节能、舒适、低噪声等一般特点外，它还具有制冷、制热操作简便，可靠性高，除霜性能良好等独特的优点，其电路如图 3-14 所示。

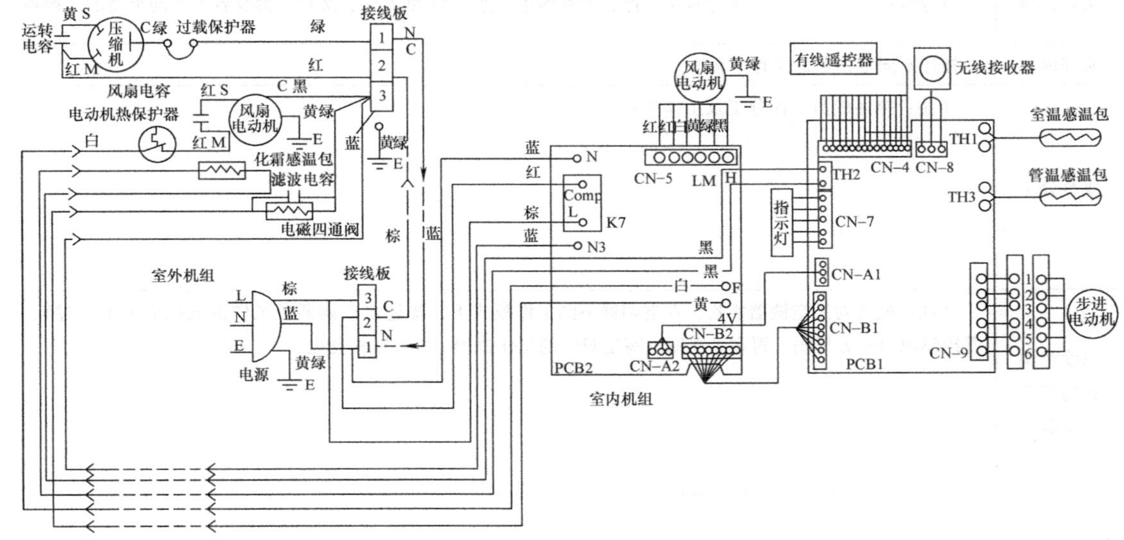

图 3-14　热泵型壁挂式空调器的电气控制电路

它的主控板和开关板设置在室内机组中，控制室外机组的压缩机、轴流风扇、四通电磁阀、继电器分别装在主控板上。室外机组中的热交换器上安装有室外温度传感器。当热交换器表面温度降至 -8℃时，除霜电路开始工作；当其表面温度为 +8℃时，除霜电路停止工作。

三、热泵辅助电热型壁挂式空调器的电气控制系统

热泵辅助电热型壁挂式空调器是在上述空调器的基础上增加一个电热元件，通过对其加热产生热能，由室内机组中的风扇送出热空气。电热元件可单独使用，也可以与热泵同时开启产生热量。使用电热元件产生的单位热量比使用热泵所需的电能要高，但热泵工作要受室外温度的影响。

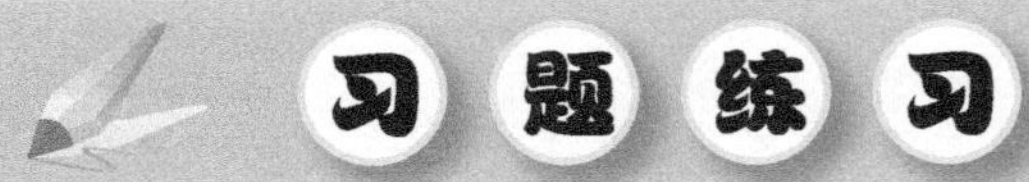

1. 空调器的功能有哪些？
2. 空调器制冷循环由哪几个过程组成？
3. 简述分体式空调器的工作原理。
4. 空调器是如何进行制冷、制热的？
5. 简述冷风型壁挂式空调器的空气循环系统和电气控制系统的工作过程。

综合实训与考核　识读空调器的工作过程

<table>
<tr><td>小组名称</td><td></td><td>小组组长</td><td></td></tr>
<tr><td>小组成员</td><td colspan="3"></td></tr>
<tr><td>实训目的</td><td colspan="3">学会在安全文明活动中正确识读空调器的工作过程</td></tr>
<tr><td>实训器材</td><td colspan="3">组合螺钉旋具1套、12英寸扳手1把、尖嘴钳子1把、A4纸若干、文具一套及若干不同类型的空调器</td></tr>
<tr><td>实训内容</td><td colspan="3">描述不同空调器的工作过程</td></tr>
<tr><td>成员分工</td><td colspan="3">（注：描述成员工作分工及工作职责）</td></tr>
<tr><td>识读空调器的工作过程</td><td colspan="3">（注：成员对照空调器实物，在空调器不同工作模式下，描述出空调器各工作系统相应的工作过程，并绘制出对应方框图。再在方框图上写出对应的工作过程，并粘贴在此处）</td></tr>
<tr><td>小组自评</td><td colspan="3">年　月　日</td></tr>
<tr><td>教师评语</td><td colspan="3">签名：　　　　年　月　日</td></tr>
</table>

单元四

空调器的使用与维护

【内容构架】

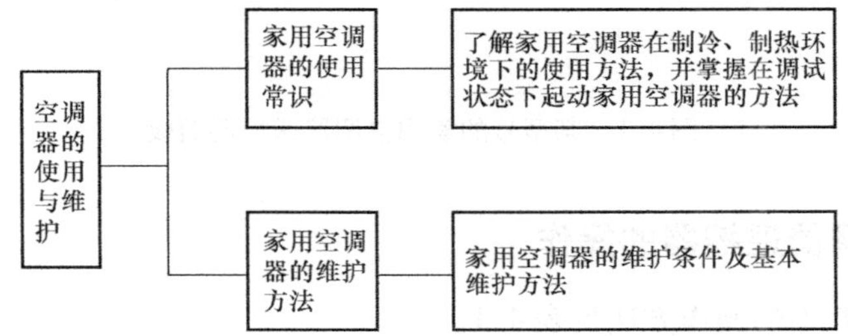

【学习引导】

目的与要求

1）通过对家用空调器使用常识的学习，了解家用空调器在各种环境下的使用方法。

2）掌握在调试状态下起动家用空调器的方法。

3）熟悉家用空调器的基本维护方法。

重点与难点

重点：家用空调器使用常识和维护方法。

难点：家用空调器冷凝器和蒸发器的保养与维护。

课题一　家用空调器的使用常识

现代家用电器给我们的生活提供了很多便利，如家用空调器在炎热的夏天给我们带来了丝丝凉意。现在就让我们一起来学习家用空调器的使用常识。

一、认识家用空调器遥控器面板

图 4-1 所示为某型号的家用空调器遥控器面板。

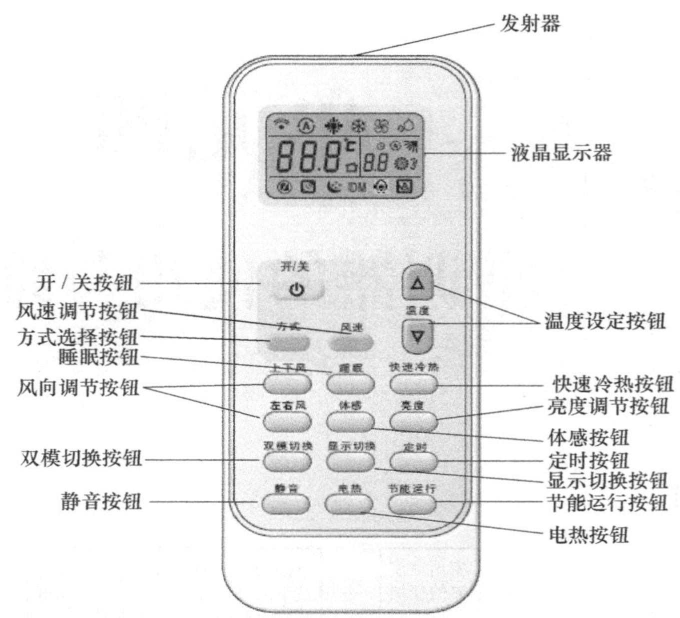

图 4-1　某型号的家用空调器遥控器面板

二、家用空调器遥控器的操作

家用空调器遥控器的操作方法见表 4-1。

表 4-1　家用空调器遥控器的操作方法

操作模式	图　示	操作步骤	说　明
制冷		1）按下电源按钮起动家用空调器 2）按下方式键，选择制冷模式 3）按下温度键，选择合适温度（建议最低温度选择为 18℃） 4）按下风速键：自动调节或手动调节低、中、高档风级 5）按下上下风、左右风，选择气流方向	操作步骤中 1）和 2）为必须步骤，3）~5）步可根据情况自行选择
制热		1）按下电源按钮起动家用空调器 2）按下方式键，选择制热模式 3）按下温度键，选择合适温度（建议最高温度选择为 32℃） 4）按下风速键：自动调节或手动调节低、中、高档风级 5）按下上下风、左右风，选择气流方向	
自动		1）按下方式键，选择自动模式 2）按下电源按钮起动家用空调器	
送风		1）按下方式键，选择送风模式 2）按下电源按钮起动家用空调器	

（续）

操作模式	图　示	操作步骤	说　明
除湿	① 按"方式"按钮选择所希望的运行方式 自动运行：Ⓐ 制热运行：☀ 制冷运行：❄ 送风运行： 除湿运行： ② 按下"⏻"按钮起动家用空调器 ③ 按下"△"或"▽"按钮将温度设定成所希望的温度可调温度范围：最高：32°C 最低：18°C ④ 按下"风速"按钮选择希望的风速，若将其设定于"　"，风扇速度将会根据室内实际温度与设定温度之差自动地进行切换 ⑤ 按下"上下风""左右风"按钮将气流方向设定于所希望的方向	1）按下方式键，选择除湿模式 2）按下电源按钮起动家用空调器	

三、家用空调器的使用注意事项

了解一些家用空调器的使用常识，对延长家用空调器的使用寿命是有很大的益处的。家用空调器的使用注意事项见表4-2。

表4-2　家用空调器的使用注意事项

序　号	使用注意事项
1	电源选择：我国家用空调器电源电压可以是单相220V、50Hz和三相380V、50Hz两种，应根据家用空调器使用说明书选择电源电压
2	冬天，在家用空调器前方及左右勿放置炉火和电热器，以防机内零件受热变形
3	当家用空调器工作时，切勿向冷气机喷杀虫剂，会有引起火灾的危险
4	机器运转中如有异常，应立即停机检查，修好后再用，不要强行运转，以免造成严重后果
5	定期保养：每年至少检查一次家用空调器室外机组安装架是否腐蚀严重，安装状况是否完好，接地端子是否牢固，接地线是否断裂；每年对蒸发器、冷凝器进行一次清洗；每隔两星期清洁一次过滤网，以提高家用空调器的效率；对家用空调器进行清污除尘等保养工作时，务必关闭电源开关，切勿带电操作
6	使用家用空调器前应选择一个合适的室内温度。舒适的房间温度一般选用27℃，相对湿度为55%～60%。室、内外温差不宜过大，否则，在进出房间时，会使人产生冷冲击或热冲击的不舒服感。同时温差过大，热损失也必然较大，耗电量就较多
7	必须确保家用空调器的内、外风道及进、出风口附近都畅通无阻，勿遮挡室外机组的吹风口。当室外机组的吹风口处被物品遮挡住时，制冷、制热效果降低，耗电量增加
8	电源线及熔丝规格应严格遵守说明书中的规定，并应配置漏电开关

课题二　家用空调器的维护方法

随着人们生活水平的提高，家用空调器已成为人们夏天的必备品。你有没有想过，家用空调器还能给我们带来众多疾病呢？如果长时间不维护、清洗空调，家用空调器中就会积累很多有害的灰尘、细菌、病菌等，吹出来的可就不只是凉风，还有有害物质，因此有必要定期对家用空调器进行维护、清洗。

一、清洗工具的准备

在清洗家用空调器前准备好表4-3所列的清洗工具。

表4-3　家用空调器的清洗工具

序　号	名　称	示 意 图	说　明
1	空调清洗剂		清洗空调器铝翅片
2	长毛刷		清洗空调器风筒、过滤网
3	百洁刷		清洗空调器铝翅片
4	空调器清洗罩		防止清洗后的污水污染其他地方
5	百洁布		清洁后擦拭

（续）

序 号	名 称	示 意 图	说 明
6	螺钉旋具		打开空调器外壳等
7	喷枪		冲刷冷凝器

二、过滤网及外壳的保养与维护

1. 清洗过滤网

过滤网的清洗过程见表4-4。

表4-4 过滤网的清洗过程

步 骤	操作对象	示 意 图	说 明
1	打开空调器外壳		先从两侧轻轻掰开机壳，再向中间轻轻掰开全部机壳，掰开机壳后向上推，推到一定的位置会自动卡住
2	拆卸过滤网		从下向上取出左右两个过滤网
3	清洗过滤网		冲洗的时候最好是从内向外冲，因为灰尘都是从外向内进入的，所以这样可以冲洗得更加干净。冲洗的时候还可以用软毛刷反复刷洗，洗好后用干毛巾擦干

注意：当清洗过滤网时应注意一定不要用40℃以上的热水清洗；不能用洗衣粉、洗洁精、汽油、香蕉水等清洗，以免过滤网变形；用清水冲洗干净后，用软布擦干或在阴凉处吹干，千万不要在阳光下暴晒或在明火处烘干，以免过滤网变形；过滤网未装入家用空调器之前，严禁开机运行，以免过量尘埃带入机内，影响家用空调器的制冷（热）效率；过滤网应两周清洗一次，空气质量较差时应每周清洗一次。

2. 清洗外壳

卸下家用空调器的面板和外壳，用软毛刷清除机内积尘，然后用清水擦洗，最后擦干。揩擦过程中动作应平稳，勿碰坏电气元器件，也不能使胀接在盘管上的肋片移位、变形。除尘清污后，按照使用说明书指明的润滑加油孔加适量的机油，以保证风扇电动机运转正常；然后仔细检查电器接线是否松动、导线芯线是否碰壳、绝缘是否良好、开关操作是否灵活、接地是否牢靠通畅。只有确认一切正常后，才能装上外壳和面板，通电试机。

清洗过程中忌用酸、碱等强化学制剂清洗，也不能用挥发油、汽油、煤油及酒精等有机溶剂清洗。

三、家用空调器冷凝器和蒸发器的保养与维护

冷凝器和蒸发器的清洗是家用空调器维护保养的重点。家用空调器之所以可以实现制冷、制热功能，就是靠它与环境介质（空气或水）之间的热量交换实现的。由此可见，热量交换效率的高低直接决定家用空调器的制冷、制热性能。

蒸发器的清洗过程见表4-5。冷凝器的清洗过程见表4-6。

表4-5　蒸发器的清洗过程

步　骤	操作对象	示意图	说　明
1	拔下电源插头		切断电源
2	拆卸过滤网		从下向上取出左、右两个过滤网
3	罩上空调器清洗罩		防止喷射空调清洁剂时污染房间其他地方

（续）

步　　骤	操作对象	示意图	说　明
4	在蒸发器上喷空调清洁剂	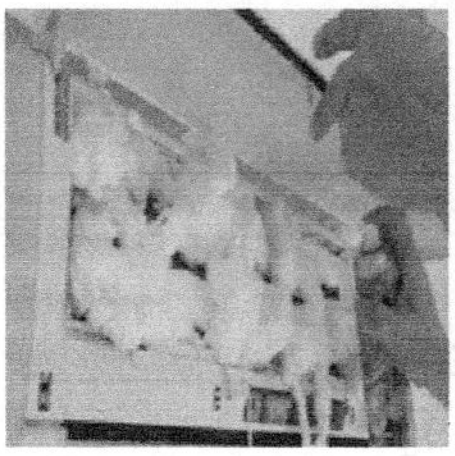	喷好后需等15min，等泡沫完全渗入蒸发器翅片
5	装回过滤网，盖好机盖	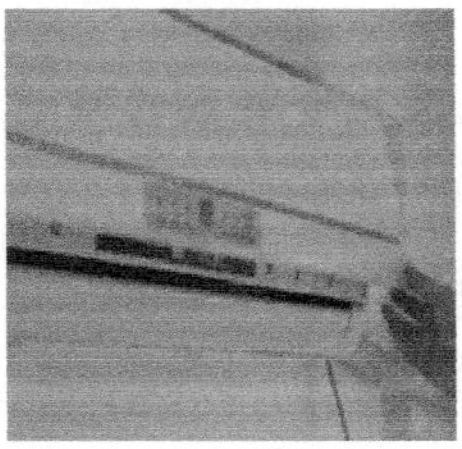	待15min后，泡沫已经基本渗入蒸发器，这时装回过滤网，盖好机盖
6	接通电源，起动家用空调器		15min后就会有污水从水管排出

表4-6　冷凝器的清洗过程

步　　骤	操作对象	示意图	说　明
1	将清洗剂喷涂到冷凝器表面		因为室外冷凝器的脏污程度一般比室内蒸发器严重，故需使用专用的翅片清洗剂
2	用清水冲刷冷凝器		保持10min的浸泡时间，用清水冲刷冷凝器翅片，清洗过程中要避免电控部分沾水

习题练习

一、填空题

1. 家用空调器遥控器面板的主要组成部分有________、________、________、________和________。

2. 家用空调器的维护与清洗主要包括________、________、________。

3. 家用空调器蒸发器的清洗包括________、________、________、________、________和________。

二、简答题

简述家用空调器过滤网、蒸发器及冷凝器的维护步骤。

综合实训与考核　空调器的使用与维护

<table>
<tr><td>小组名称</td><td></td><td>小组组长</td><td></td></tr>
<tr><td>小组成员</td><td colspan="3"></td></tr>
<tr><td>实训目的</td><td colspan="3">在安全文明活动条件下，熟悉家用空调器的使用与维护</td></tr>
<tr><td>实训器材</td><td colspan="3">组合螺钉旋具1套、12英寸扳手1把、台虎钳1把、空调清洗剂1瓶、长毛刷1把、百洁刷1把、空调清洗罩1个、百洁布2张、高压喷枪1把、A4纸若干、文具一套及若干不同类型的家用空调器</td></tr>
<tr><td>实训内容</td><td colspan="3">1）正确使用家用空调器
2）对家用空调器进行正常维护</td></tr>
<tr><td>成员分工</td><td colspan="3">（注：描述成员工作分工及工作职责）</td></tr>
<tr><td>空调器的使用过程</td><td colspan="3">（注：各成员对照空调器实物，在家用空调器不同工作模式下使用家用空调器，并将使用过程描绘在A4纸上，再粘贴在此处）</td></tr>
<tr><td>空调器的维护过程</td><td colspan="3">（注：各成员对照空调器实物，对家用空调器室内、室外机组内部进行清洗。将清洗过程描绘在A4纸上，再粘贴在此处）</td></tr>
<tr><td>小组自评</td><td colspan="3">年　月　日</td></tr>
<tr><td>教师评语</td><td colspan="3">签名：　　　　年　月　日</td></tr>
</table>

应 用 篇

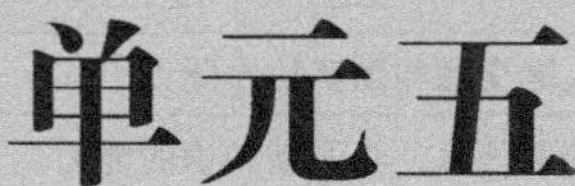

单元五

空调器维修人员岗位职责

【内容构架】

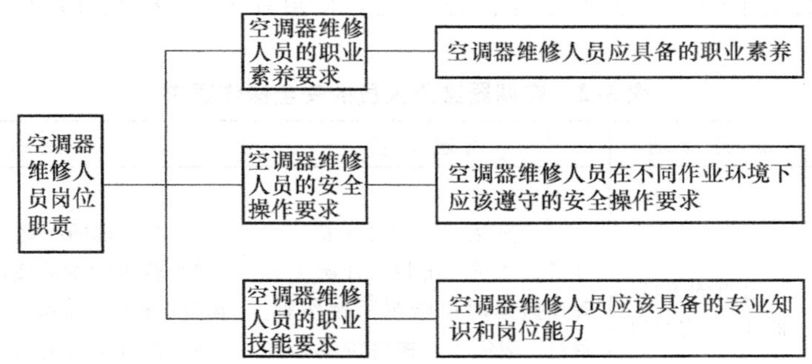

【学习引导】

目的与要求

1）通过对空调器维修人员职业素养要求的学习，了解自身应养成的职业习惯。

2）掌握空调器维修人员在不同作业环境下应该遵守的安全操作要求。

3）熟悉维修人员应该具备的专业知识和岗位能力，明确自身努力的方向。

重点与难点

重点：维修人员在不同作业环境下应该遵守的安全操作要求。

难点：空调器维修人员职业素养的养成。

课题一　空调器维修人员的职业素养要求

职业素养是指职业内在的规范和要求，是在职业过程中表现出来的综合素质，包含职业道德、职业技能、执业行为和职业意识等方面。空调器维修人员的职业素养见表5-1。

表5-1　空调器维修人员的职业素养

序　号	职业素养要求
1	具有良好的道德品质和职业信誉，爱岗敬业、遵纪守法
2	具有创新精神和服务意识

（续）

序　　号	职业素养要求
3	具有人际交往与团队协作能力
4	具备获取信息、学习新知识的能力
5	具备了解英文技术资料的能力
6	具有安全文明生产与节能环保意识
7	具有服务意识、质量意识和效率意识
8	具有一定的计算机操作能力

课题二　空调器维修人员的安全操作要求

人身安全是身心健康、家庭美满、企业安身、社会和谐的共同基础。作为空调器维修人员，为防止发生安全事故，掌握安全操作方法是非常重要的。空调器维修人员的安全操作要求见表5-2。

表5-2　空调器维修人员的安全操作要求

序　　号	维修步骤	危害类别	风险分析	控制措施
1	工作前准备	过重的工具、器具、设备材料	制冷剂罐、空调器主机、室外机、梯子、吊栏、开洞工具等在搬运时可能脱手砸伤脚，射钉、裁纸刀、螺钉旋具等易刺伤手等	1）熟悉现场环境，选择最佳位置操作 2）较重的物品使用车辆搬运，人工搬运时互相配合提醒 3）检查工具的安全可靠性、工具包的拉链是否关好，正确穿戴劳动保护用品
2	工作点距地2～5m的防护设施规定	梯子、安全带、操作人员身体状态	作业人员身体异常会发生失误操作事故，梯子质量和使用不当可能使人坠落	1）距离地面2～5m的作业要办理高处作业许可证，对许可证进行复查。使用合格的安全带、安全绳、安全帽、防滑鞋等劳动保护用品 2）操作人员身体要健康 3）梯子必须完好，搭设与地面夹角为45°～60°的梯子，底脚与地面的防滑设施要完好，梯子的踏步要有防滑纹，梯子顶部要做防滑固定（用绳索与空调器支架绑扎），配备监护人员
3	工作点距地5～15m的防护设施规定	操作人员身体状态、吊栏及吊具、安全带	作业人员身体异常会发生失误操作事故，施吊保护设施缺陷、使用不当，会发生坠落	1）操作人员身体要健康 2）办理高处作业许可证，对许可证进行复查。使用合格的安全带、吊栏、安全绳、安全帽；安全带、安全绳必须牢固可靠并有专职监护人员；在工作点下方地面5m以外设置警戒线或警戒人员

（续）

序　号	维修步骤	危害类别	风险分析	控制措施
4	空调器收氟，拆除连接管、线	有缺陷的安全带、制冷剂泄漏、冻伤、失误操作	作业人员误操作，可能使人触电；拆卸螺钉旋具时用力过度，可能刮伤手；收制冷剂不干净，会使制冷剂泄漏，冻伤人	1）如在2m以上作业，要办理高处作业许可证，对许可证进行复查；使用合格的安全带、安全绳、安全帽；安全带、安全绳必须牢固可靠并有专职监护人员；在工作点下方地面5m以外设置警戒线或警戒人员 2）操作人员以空调器室外机组或室外机组支架作为身体平衡支撑点时，要先试探其牢固性及可靠性 3）收制冷剂完毕断电，再次确认已断电 4）收制冷剂程序正确，阀口关闭紧密 5）正确使用工具，拆卸螺钉时均匀用力，拆下的线头做好标记并包扎规范；管线拆除后要对工艺口进行包扎
5	拆除空调器室内、室外机组	用力过猛、空调起吊绳和起吊点不合适	使用工具拆卸螺钉时，用力过猛可能碰伤手；起吊空调器时，起吊绳和起吊点不合适，可能会引起室外机坠落砸伤人员；作业人员站立位置支撑不牢固，可能造成设备坠落、人员坠落伤亡	1）正确使用工具拆卸螺钉，用力应均匀 2）起吊前检查吊装设备、工具是否安全；空调器绑扎是否牢固；起吊绳和起吊点是否合适；应设专人指挥、监护，并拉警戒线 3）检修前确认作业站立位置支撑牢固可靠 4）检修作业人员劳动保护用品穿戴齐全
6	安装室外机组支架和室内机组挂板	过重的物体、电动工具漏电、用锤子钉挂板	用锤子敲击射钉时可能砸到手，电动工具可能漏电，安装室外机组支架时可能发生工具、材料、人员等坠落情况	1）使用合格的安全带、安全绳、安全帽，安全带、安全绳必须牢固可靠并有专职监护人员，在工作点下方地面5m以外设置警戒线或警戒人员 2）检查电动工具及线路的完好性，漏电保护器工作正常 3）工具、材料要用工具袋装
7	安装空调器室内、室外机组	过重的物体、人员站立的支撑点、安全带好坏、过于发力、设备起吊	使用工具安装螺钉时过于用力，可能碰伤手；安装空调器时绑扎不牢固可能坠落，砸伤人员；操作人员站立支撑点和安全带固定不牢固，人员坠落	1）正确使用工具，操作人员劳动保护用品穿戴齐全 2）安装或起吊前检查吊装设备、工具是否安全，空调器绑扎是否牢固；设专人指挥、监护、拉警戒线 3）确认操作人员站立地点支撑牢固可靠

（续）

序　号	维修步骤	危害类别	风险分析	控制措施
8	连接空调器管线、抽真空、加注制冷剂	操作人员站立的支撑点、安全带、用力过猛	使用工具安装螺钉时用力过猛，可能碰伤手；加注制冷剂时工艺管口要拧紧，以免制冷剂漏出；排空时设备漏电。操作人员站立支撑点和安全带固定不牢固，人员坠落	1）使用合格的安全带、安全绳、安全帽等劳动保护用品，安全带、安全绳必须牢固可靠并有专职监护人员，在工作点下方地面5m以外设置警戒线或警戒人员 2）操作人员以空调器室外机组或室外机组支架作为身体平衡支撑点时，要先试探其牢固可靠性 3）检查设备线路及漏电保护器 4）当安装工艺口时均匀用力并拧紧
9	空调器控制系统的检修	操作人员站立的支撑点、安全带、接线失误	作业人员误操作，可能使人触电；操作人员站立支撑点和安全带固定不牢固，人员坠落	1）正确使用工具，操作人员劳动保护用品穿戴齐全 2）设专人监护
10	空调器送电试机	误操作	送电错误可能造成人员伤亡或设备损坏	1）确认接线无误、牢固 2）设备工作正常，验收交付，清理现场 3）及时返回票证

课题三　空调器维修人员的职业技能要求

职业技能是指在职业分类基础上，根据职业的活动内容，对从业人员工作能力水平的规范性要求。它是从业人员从事职业活动、接受职业教育培训和职业技能鉴定的主要依据，也是衡量劳动者从业资格和能力的重要尺度。表5-3列举出了空调器维修人员应该具备的职业技能。

表5-3　空调器维修人员应该具备的职业技能

序　号	项　目	具体要求
1	专业知识	1）熟悉电工技术与电子技术基础知识 2）熟知电器安全规程、安全操作与环保知识 3）掌握热工与传热、制冷原理与工艺、制冷压缩机、制冷与空调自动化等知识在制冷和空调设备中的应用 4）能运用机械、电工电子知识识读制冷和空调设备相关图样和技术资料 5）了解机械制造与机械设备安装基础的基本知识 6）了解相关法律、法规知识
2	专业技能	1）能进行钳工和焊工的基本操作 2）能熟练使用电工工具及仪表 3）掌握制冷和空调设备常用测试仪表和维修工具的使用方法 4）掌握家用空调器等小型空调设备的结构和原理，能安装维修小型空调设备 5）掌握制冷操作的安全知识，能严格遵守操作规程与规范 6）了解先进制冷技术、制冷工艺和先进制冷设备 7）取得本专业相应一两个工种的中级职业资格证书

（续）

序　号	项　目	具体要求
3	岗位职责	1）定期对空调系统和设备进行巡回检查，发现问题及时处理 2）严格按照有关规程的要求进行计划检修和处理日常故障，力求使所修设备尽快恢复原有功能，并确保检修工作的质量和安全 3）认真详细地做好维修记录 4）爱惜检修工具、设备、仪器仪表，不浪费检修消耗性物料 5）承担本专业更新改造项目的主要施工工作 6）严格遵守劳动纪律，坚守岗位，上班时间不做与工作无关的事情 7）努力学习理论知识，刻苦钻研维修技能，熟悉设备结构、性能及系统情况，注意总结实际经验，不断提高维修水平 8）尊重领导，服从调度和工作安排，完成上级领导交代的其他临时性工作

习题练习

1. 你认为空调器维修人员在实践操作中还应注意哪些安全问题？
2. 通过对空调器维修人员所需岗位职责的学习，谈一谈自己的理解。

综合实训与考核　认识空调器维修人员岗位职责

小组名称		小组组长	
小组成员			
实训目的	在安全文明活动条件下，认识空调器维修人员岗位职责		
实训器材	A4 纸若干、文具一套、若干不同类型的空调器		
实训内容	调研空调器维修人员岗位职责		
成员分工	（注：描述成员工作分工及工作职责）		
空调器维修人员岗位职责信息收集与整理	（注：各成员通过对不同品牌空调器维修服务站的走访，将收集到的空调器维修人员岗位职责写在 A4 纸上，然后再粘贴在此处）		
小组自评	年　月　日		
教师评语	签名：　年　月　日		

单元六

空调器维修人员的基本技能

【内容构架】

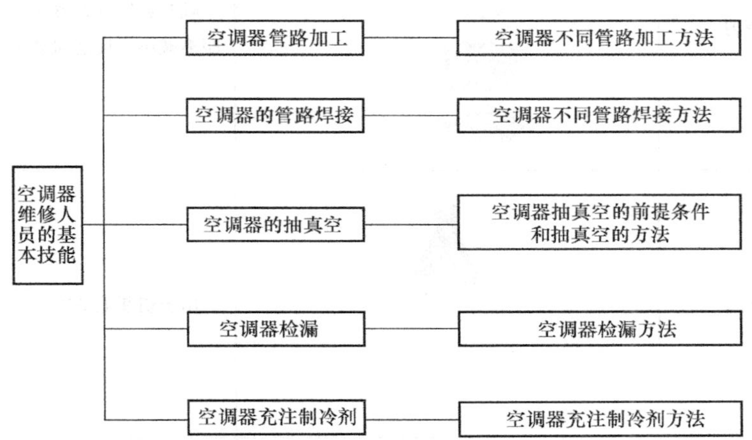

【学习引导】

目的与要求

1）正确掌握制冷设备维修工具基本操作要领及安全操作要求。

2）熟练掌握空调设备管路连接和电源的接线方法。

3）熟练掌握空调器抽真空的方法及充注制冷剂的操作技能。

4）熟练掌握空调制冷剂泄漏点的检漏方法。

重点与难点

重点：工具的正确使用方法，氧气焊焊接技术，分体式空调室内、室外机的安装，抽真空充注制冷剂的操作要领，空调制冷剂泄漏点的检漏方法。

难点：空调器管路的结构和使用，工具的使用方法，气焊安全操作技能，真空泵的正确使用，充注制冷剂全过程，空调检漏技术。

课题一　空调器管路加工

空调器的各部件之间由铜管连接而成，维修空调器涉及的管路加工主要是对铜管进行割断、扩口、弯管和封口。

一、管路加工工具

管道加工工具的实物图及说明见表6-1。

表6-1　管道加工工具的实物图及说明

序　号	工具名称	示意图	说　明
1	割刀	切轮(刀片)　滚轮　调整手柄	顺时针转动调整手柄，切轮和滚轮间的距离减小，反之则增大
2	剪刀		用于切断毛细管
3	弯管器	铜管弯制成形的轨道　手柄	将铜管弯成一定的角度
4	封口钳	钳口开启弹簧　钳口间距的调整螺母　钳口　封口钳手柄　钳口开启手柄	用于窗式空调器、电冰箱维修后对工艺管（铜管）的封闭

（续）

序　　号	工具名称	示意图	说　　明
5	扩管器、胀管器	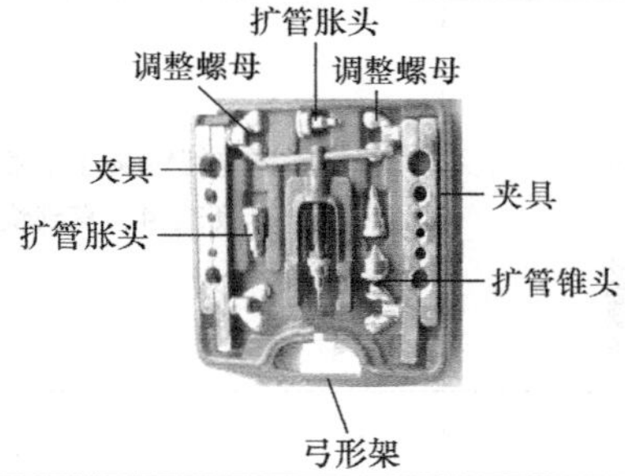 扩管胀头 调整螺母　调整螺母 夹具　夹具 扩管胀头　扩管锥头 弓形架	1）夹具（含多个夹孔）用于夹紧各类规格的铜管 2）调整夹具上的螺母可调整夹具的松紧度 3）扩管胀头用于将铜管端部胀粗 4）扩管锥头用于将铜管口扩制成喇叭口 5）弓形架
6	气焊工具		用于铜管管道的退火和焊接

二、铜管的割断

割断铜管一般采用割刀，其割断方法见表6-2。

表6-2　铜管的割断方法

步　　骤	示意图	操作方法
1		逆时针转动割刀的松紧调整旋钮，使切轮与滚轮间的距离大于待割铜管的直径
2	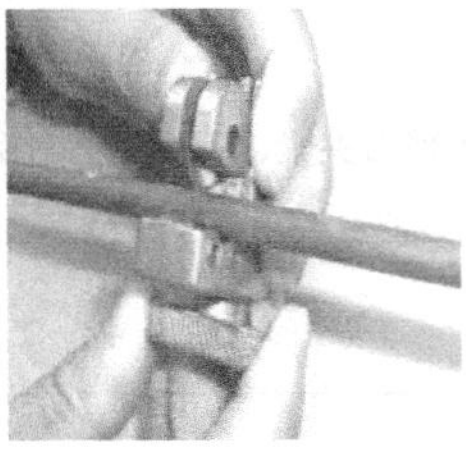	移动割刀，使铜管位于切轮与滚轮之间，顺时针转动割刀的松紧调整旋钮，使切轮的刀口垂直压紧铜管
3	 切轮压、切出的痕迹	将割刀旋转一圈

（续）

步　骤	示 意 图	操 作 方 法
4	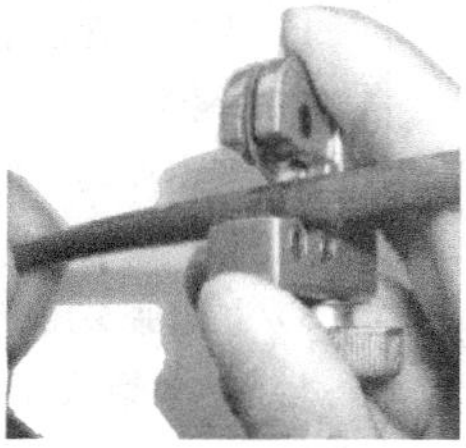	将松紧调整旋钮顺时针旋转1/4圈，然后再旋转割刀一圈。重复步骤3、4，直到快要切断铜管
5	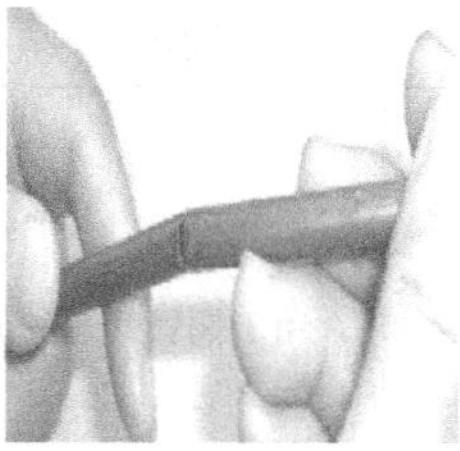	取下割刀，用手掰断
6		观察切口，合格的切口应呈圆形，无毛刺、裂痕

三、毛细管的切断

毛细管管径细、管壁薄，不能用割刀割断，可用剪刀（或刃口较锋利的钢丝钳）旋转划出划痕，再掰断，具体操作见表6-3。

表6-3　毛细管的切断

步　骤	示 意 图	操 作 方 法
1		在毛细管需切断处用剪刀夹紧，不要用力过猛，以免切断毛细管
2	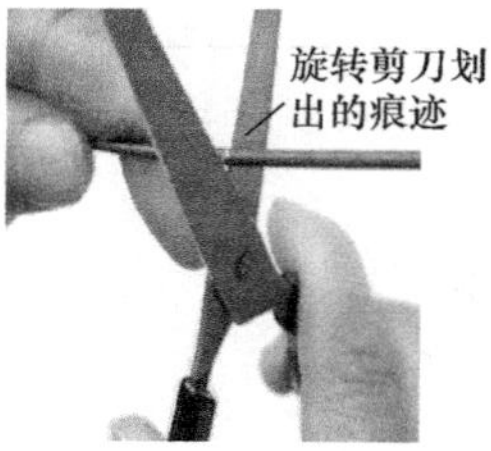 旋转剪刀划出的痕迹	夹紧的同时旋转剪刀

（续）

步　骤	示　意　图	操 作 方 法
3		当毛细管上有一定深度的划痕时，双手将其掰断
4		观察毛细管的断面，断面要圆、正、无缩口现象

四、喇叭口的制作

制冷部件的连接常要用到喇叭口作为活接头，喇叭口的制作方法见表6-4。

表6-4　喇叭口的制作方法

步　骤	示　意　图	操 作 方 法
1		在夹具上选择合适的夹孔，将铜管夹住。若选择的夹孔太大，则不能将铜管夹紧；若选择的夹孔太小，容易夹伤铜管外表面
2	C A B 夹具 夹具 铜管	顺时针转动夹具的压紧螺母，使夹具夹紧铜管。铜管的管口要略高于夹具表面（其高度应略等于夹具表面长度，即示意图中 $AB=BC$）
3		将弓形架套在夹具上。弓形架的螺杆要与夹具表面垂直，锥头的尖部大致对准铜管横截面的圆心

（续）

步　骤	示　意　图	操 作 方 法
4	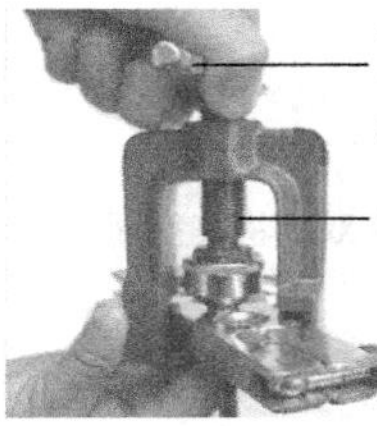	顺时针（从上向下看）转动螺杆上的手柄，使螺杆转动，使锥头逐渐压入铜管的管口。一般每旋进 3/4 圈后退 1/4 圈，重复操作，直到扩制成形
5	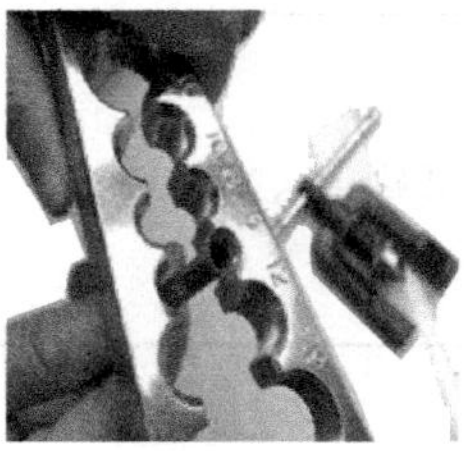	当手柄转不动时，逆时针转动螺杆上的手柄，取下弓形架；旋松夹具的压紧螺母，取下夹具
6		观察喇叭口是否合格。合格的喇叭口的特征是光滑、圆正、无毛刺、无裂纹

五、杯形口的制作

同直径的两根管道进行焊接时，需将其中一根的管口胀粗，再套接在另一根的管口，才能高质量地焊接。杯形口的制作方法见表 6-5。

表 6-5　杯形口的制作方法

步　骤	示　意　图	操 作 方 法
1	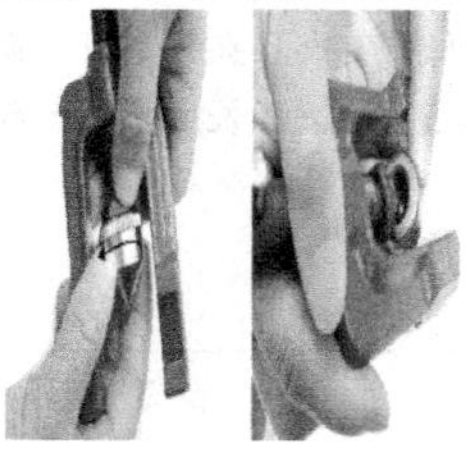	将弓形架螺杆端部原来的锥头旋松并取下。该螺纹为“反扣”，即逆时针转为旋紧，顺时针转为旋松。注意不要把锥头里的滚珠弄丢
2		选择合适的胀头，并把滚珠放在胀头内

（续）

步　骤	示 意 图	操作方法
3		将胀头在弓形架螺杆端部旋紧
4、5、6	—	此3个步骤与扩喇叭口的步骤3、4、5完全相同
7		观察胀好的杯形口是否合格。合格的杯形口特征是光滑、圆正、无毛刺、无裂纹

六、铜管的弯管

铜管的弯管操作方法见表6-6。

表6-6　铜管的弯管操作方法

步　骤	示 意 图	操作方法
1		给铜管退火。用气焊的中性焰将待弯处烧得略发红，让其自然冷却（退火过程），以使铜管变柔软
2		将铜管放入弯管器相应的轨道沟槽中

（续）

步　骤	示　意　图	操 作 方 法
3		慢慢转动手柄，直至所需的角度为此。如转动过快，易使铜管变瘪
4		取出观察，弯曲部分应圆润、平滑

注：对较细管（直径8mm以下），可以不退火，不用弯管器，直接用手弯，比较方便。

七、铜管封口方法

当窗式空调器的管道系统被维修后，需要进行封口，其操作见表6-7。

表6-7　铜管的封口方法

步　骤	示　意　图	操 作 方 法
1		按动封口钳的钳口开启手柄，使钳口张开
2		移动封口钳，使待封口的管道位于钳口之间
3		用力握紧封口钳的手柄，使钳口合拢，夹紧、夹扁铜管

（续）

步骤	示意图	操作方法
4		若夹得不太紧、管道封闭不严，可顺时针旋紧钳口间距调整螺母，再次握紧手柄夹紧铜管
5		在附近再封口一次
6		在封口处附近用钢丝钳将铜管切断
7		用气焊火焰、低银焊条将切断处封闭
8		对封口处用1∶4肥皂水检漏，如果不冒气泡，说明不泄漏，封口成功

课题二 空调器的管路焊接

空调器管路对接一般采用专业的钎焊作业进行。钎焊作业的准备工作比较烦琐，占整个焊接时间的80%。要将管路对接焊接成功，除了会使用焊枪外，还需要经过大量的实践，才能成为一名真正合格的焊接工。

一、钎焊器具的检查

在钎焊过程中需要准备焊枪、焊料和盛放物品的托盘，焊接前需要对这些物品进行安全检查和品质检查，具体检查方法见表6-8。

表6-8　钎焊器具的检查方法

<table>
<tr><th>步　骤</th><th>检查项目</th><th>示意图</th><th>说　明</th></tr>
<tr><td>1</td><td>压力表的指针是否指着零</td><td></td><td>观察压力表指针与刻度对应线</td></tr>
<tr><td>2</td><td>打开总阀门，压力表的指针是否指到规定值</td><td></td><td>氧气瓶压力表通常在（0.2～0.45±0.05）MPa范围内；不同的焊嘴，压力表读数不同，见下表
<table><tr><td>焊嘴</td><td>1号</td><td>2号</td><td>3号</td><td>4号</td><td>5号</td></tr><tr><td>氧气压力/（kg/cm^2）</td><td>0.2</td><td>0.25</td><td>0.3</td><td>0.35</td><td>0.4</td></tr></table>乙炔瓶压力表通常为（0.05±0.01）MPa，有时也用煤气代替乙炔</td></tr>
<tr><td>3</td><td>各配管连接处是否漏气</td><td></td><td>用肥皂水确认各连接处是否漏气</td></tr>
<tr><td>4</td><td>检查焊枪阀门固定螺钉有无松动</td><td></td><td>如果松动将影响火焰的调节</td></tr>
<tr><td>5</td><td>火口有无变形、堵塞</td><td></td><td>火焰的形成或火力偏差，将导致钎焊条件变坏，不易于焊接</td></tr>
<tr><td>6</td><td>焊材应放置在焊料盒中</td><td></td><td>焊材表面无异物黏附或氧化</td></tr>
<tr><td>7</td><td>放置物品的托盘应干净</td><td></td><td>托盘内物品应摆放整齐</td></tr>
</table>

二、焊枪的操作方法

为了保证焊接质量，初学者必须按照表6-9中焊枪的操作方法进行练习。

表6-9　焊枪的操作方法

步　骤	操作要领	示意图	说　明
1	用右手第3、4、5根手指和手的掌心，轻轻地握住焊枪		标准焊枪嘴向下
2	用左手第1、2手指打开关闭的乙炔气阀门		转动乙炔气阀门1/4圈。如果为煤气瓶，则需加装减压阀
3	用点火枪在喷火口处点火	—	点火时，应该从喷火口的侧后面点火；点火时严禁对准人，以防烧伤人员
4	用右手第1、2手指打开关闭的氧气阀门		打开氧气阀门1/2圈，以便在焊枪内部与乙炔气形成混合气体
5	微调乙炔气阀门和氧气阀门，使焰芯长30~40mm，再进一步微调，将火焰长度调整至与母材一致		细心微调氧气阀门和乙炔气阀门，进一步改变混合气体的配比，得到需要的火焰

（续）

步骤	操作要领	示意图	说明
6	先关闭乙炔气阀门		防止回火
7	再关闭氧气阀门		—

三、空调器的管路焊接

空调器的管路焊接操作方法见表6-10。

表6-10 空调器的管路焊接操作方法

步骤	操作要领	示意图	说明
1	将管路加工工具和钎焊器具准备好，并逐一检查，确认合格	—	见课题一管路的加工，以便确保焊接设备安全可靠
2	对需要焊接的管道进行加工	—	见课题一管路的加工
3	管道对接		对接前要注意清理外管与母管对接部位的残渣，对接要到位
4	焊枪点火	—	将火焰调整到需要的火焰
5	对接管道预热	加热时这部位变红 正确的加热范围 焊材渗透到焊材连接部	将火焰置于焊接母材前方，并与其成80°~85°的角度，来回移动，使得两母材均匀加热至作业温度

（续）

步　骤	操作要领	示意图	说　明
6	熔化焊材		确认焊材的位置、流向与流量，焊接时应从焊材的头部开始熔化，焊枪火焰和焊材的角度要适中
7	撤离焊枪	—	
8	确认焊接良好		配管焊接周围的形态应该是连续、均匀、表面光滑、无异物附着的
9	焊枪熄火	—	先关闭焊枪上的乙炔气阀门，再关闭氧气阀门
10	清理现场	—	关闭乙炔气瓶和氧气瓶阀门；拆卸焊管，清理、整理工具；将物品摆放整齐，进行环境清扫，以达到5S管理标准

四、管路焊接不良现象案例分析

在管路焊接过程中，会出现各种焊接不良的情况。表6-11所示为管路焊接不良现象的案例分析。

表6-11　管路焊接不良现象的案例分析

钎焊不良现象	示意图	原因分析
焊材渗透不足		焊管没有均匀加热
焊材熔化不足		焊管均匀加热不充分

（续）

钎焊不良现象	示 意 图	原 因 分 析
母材上异物附着		母材上有油类附着
焊材龟裂		熔化的焊材在凝固 2s 后遭受外力冲击
母材上附着的焊材脱落		焊材添加位置错位，添加焊材时手摆动，焊接效果确认不足，母材过热
配管堵塞	—	加热角度过窄，从连接部一直向下加热

课题三　空调器的抽真空

在实际运行过程中，空调器循环系统内部除了制冷剂外，没有其他物质，因此内部具有真空特性。而在安装空调器的过程中，由于室内外机组在连接时，其管路内残留有空气，如果没有将管道内空气排空，形成内部真空状态，那么开机后循环系统内部的制冷剂将与管道内的空气混合，给空调器运行时造成危害，即运行压力高低不稳定、系统冰堵等，所以必须在连接好室内、室外机组后，再将循环系统的内部抽真空。

另外，在空调器系统维修后，比如更换了压缩机、管路的配件，空调器循环系统内部将有空气存在。因此，在空调器系统维修后也必须将循环系统内部的空气抽走，形成真空后，才能定量加氟。

一、空调器抽真空的前提条件

什么条件下空调器需要抽真空，应该根据具体的情况而定。其抽真空的前提条件可以参考表 6-12 进行。

表 6-12 空调器抽真空的前提条件

序 号	抽真空的前提条件
1	在安装空调器时，天气比较潮湿或室内外机组和管路开口后放置的时间比较长
2	当空调器出厂时，在安装说明书中明确注明系统里面没有多增加用于靠内气排空的制冷剂
3	R410A 的空调器由于系统制冷剂标量要求精确，用内气排空的时间不好控制，需要抽真空
4	一拖多的空调器
5	连接管加长 2m 以上的空调器
6	循环系统经过维修后的空调器
7	制冷剂泄漏的空调器

二、真空泵

空调器专用真空泵一般用直联式旋片真空泵，它是空调器抽真空的核心设备。图 6-1 所示为真空泵实物图。

图 6-2 所示为真空泵的工作原理示意图，旋片真空泵的两个旋片把转子、定子内腔和定盖所围成的月牙形空间分隔成 A、B、C 三个部分。当转子按图 6-2 所示方向旋转时，与吸气口相通的空间 A 的容积不断增大，空间 A 的压强不断降低，当空间 A 内的压强低于被抽容器内的压强时，根据气体压强平衡的原理，气体不断地被吸进吸气腔 A，此时处于吸气过程；而空间 B 的容积逐渐减小，压力不断增大，处于压缩过程；与排气口相通的空间 C 的容积进一步地减小，C 空间的压强进一步升高，当气体的压强大于排气压强时，被压缩的气体推开排气阀，不断地穿过油箱内的油层排至大气中。在真空泵的连续运转过程中，不断地进行着吸气、压缩、排气过程，从而达到连续抽气的目的。

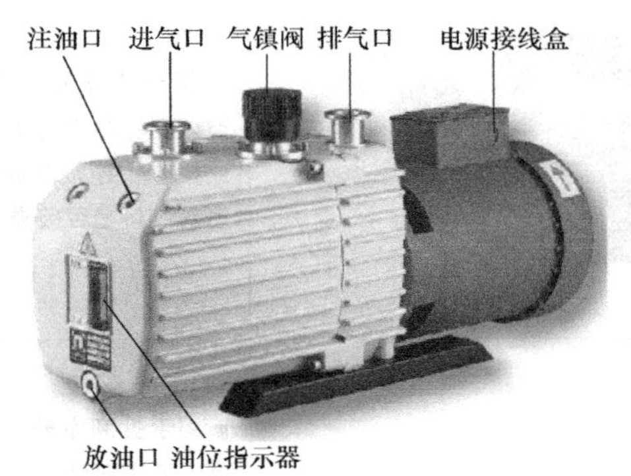

图 6-1 真空泵实物图

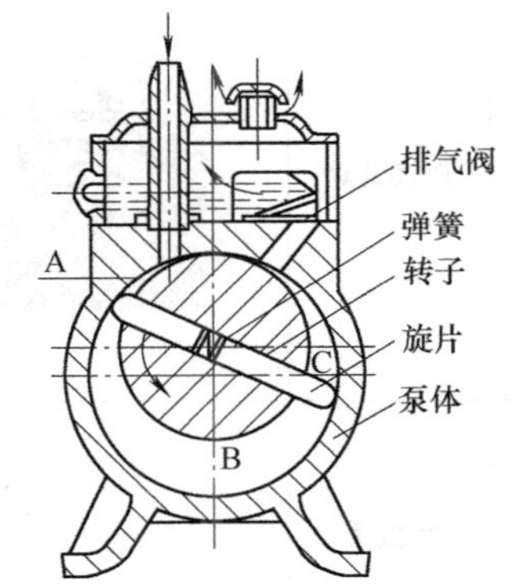

图 6-2 真空泵的工作原理示意图

使用旋片真空泵为空调器抽真空时，着重要考虑的参数为抽气速度（L/s）。对于一拖一的空调器，选择抽气速度不小于 2L/s 的真空泵；对于一拖多的空调器则要求选择抽气速度不小于 4L/s 的真空泵。低于要求的真空泵，在运行过程中既工作时间长，又有可能抽气不干净。

三、空调器抽真空

1. 空调器抽真空前的工具准备

当新装空调器或循环系统经过维修后，空调器都需要进行抽真空。为了保证空调器抽真空顺利进行，需要准备的工具见表6-13，并对核心工具如真空泵、压力表、连接管路、安全带等进行品质检查。

表6-13　空调器抽真空前的工具准备

序　号	工具名称	示意图	说明
1	真空泵	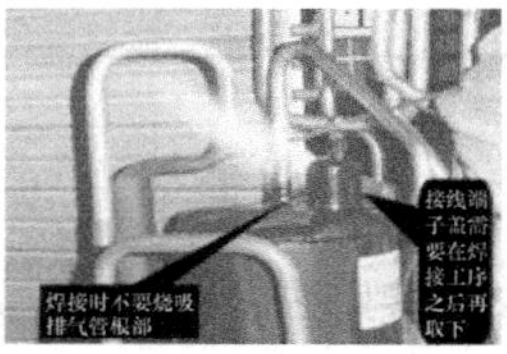 	给空调器循环系统抽真空 检查：真空泵开关应处于关闭状态；真空泵水平放置时，润滑油与油位线应保持水平
2	负压表	 	测量空调器循环系统内的大气压力 检查：压力表表针是否归零
3	连接管路	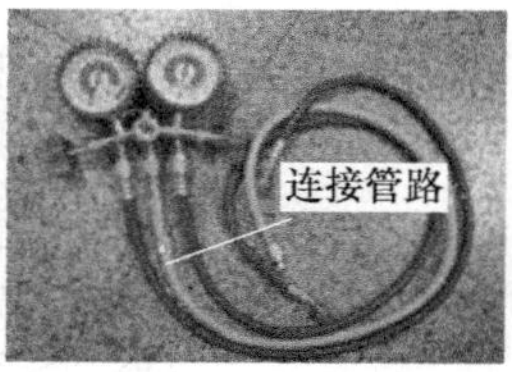 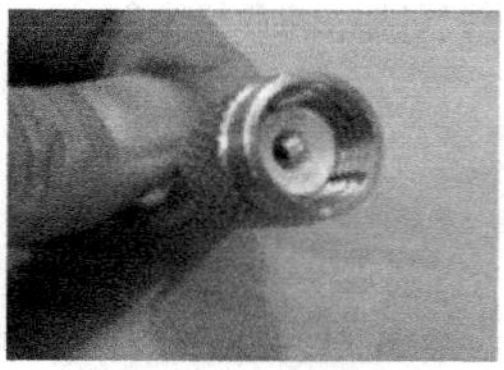	用于连接真空泵、空调器、制冷剂瓶 检查：连接管路的密封胶垫是否破损
4	活扳手		用于拆卸室外机组高、低压螺母
5	内六角扳手		用于调节室外机组高、低压管道的通断

（续）

序　号	工具名称	示　意　图	说　明
6	计时器	秒表 14:19 00:03:00.68 00:00:00.00	用于空调器抽真空的计时
7	台虎钳		配合活扳手使用
8	安全带		保证高空作业时的人身安全 检查：安全带的牢固性

2. 空调器抽真空流程

图 6-3 所示为空调器与真空泵连接示意图。

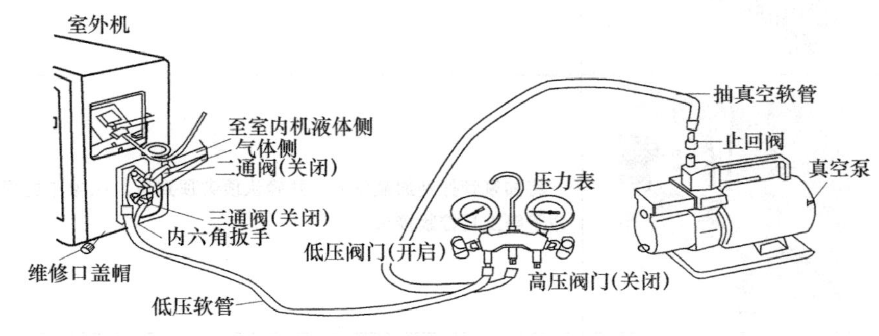

图 6-3　空调器与真空泵连接示意图

空调器抽真空具体的操作流程见表 6-14。

表 6-14　空调器抽真空具体的操作流程

工　序	示　意　图	操　作　流　程
1		将真空泵放置在室内地面安全、稳定、便于操作处。禁止放置在室外，更不允许放置在空调器室外机组上

（续）

工　序	示 意 图	操 作 流 程
2	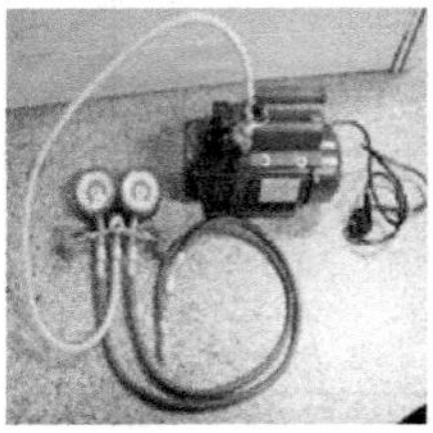	将加氟管、压力表、真空泵组合在一起
3	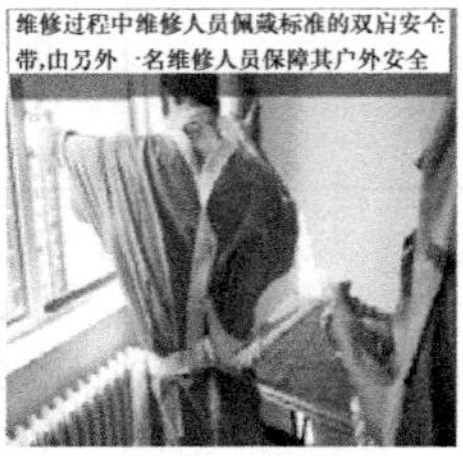 维修过程中维修人员佩戴标准的双肩安全带,由另外一名维修人员保障其户外安全	如果存在高空作业，则操作人员必须穿戴好安全带，固定好安全带挂钩，确定安全及可以承受个人重量后，才允许进行高空作业
4		从三通阀上将加氟口处的螺母拧下
5		将加氟管拧到加氟口上，并确认顶尖顶到位。在操作过程中禁止使用钳子等工具拧紧接头
6		打开压力表表阀
7		打开真空泵电源开关，开始抽真空

（续）

工　序	示 意 图	操 作 流 程
8	抽真空前压力表的读数 抽真空后压力表的读数	观察低压压力表，指针指到 -0.1MPa（负压）后停止抽真空。抽真空时间应根据机型和真空泵的大小来确定，参考时间为 10～30min，最低不得少于5min，并以压力表显示的压力值为准
9		关闭压力表表阀
10		关闭真空泵电源开关
11		从真空泵处取下加氟管，将真空泵进气嘴盖帽拧紧，防止灰尘等进入
12	秒表 14:18 00:03:00.60 00:00:00.00 00:00:00.00	抽真空后必须保压检漏，两匹以上空调器保压 5min，两匹以下空调器保压 3min

（续）

工　序	示 意 图	操 作 流 程
13		确认压力不大于 -0.08MPa（允许压力有0.02MPa的少量回弹）方可操作后面工序；如压力大于 -0.08MPa，说明有泄漏，要找到泄漏原因并解决后，重复上述工序
14		确认无漏点后，打开二通阀小阀门阀芯，当低压压力达到0.1～0.5MPa时，关掉小阀门
15	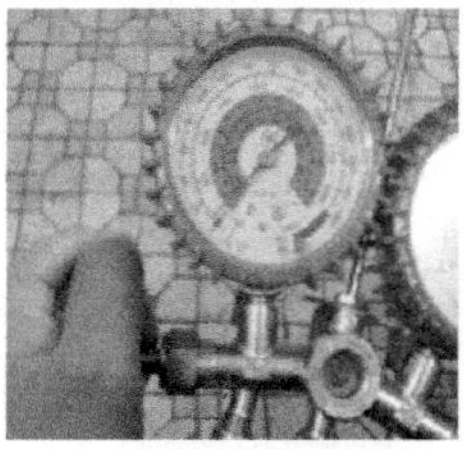	如此时压力表指针不动，则需少量打开压力表表阀，看是否有气体排出。如无气体排出，则说明加氟管与空调阀门连接不到位，加氟管的顶尖未顶开阀门的顶芯。此时应重新进行抽真空操作
16	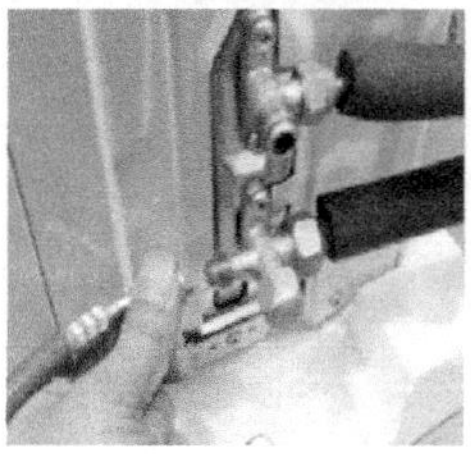	确认抽真空操作结束后，快速拆下加氟管及压力表
17	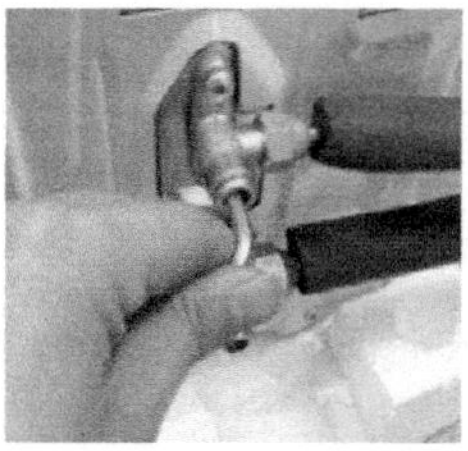	重新完全打开二通阀小阀门后回旋半圈
18		完全打开三通阀大阀门后回旋半圈

（续）

工　序	示 意 图	操 作 流 程
19		将三通阀阀门后盖螺母拧紧，防止阀芯橡胶密封圈泄漏，同时拧紧充注制冷剂嘴的螺母

在抽真空过程中，有些操作者常常犯以下错误：

1）抽真空前用内六角扳手打开了空调器上细管侧的阀门，导致真空泵把冷媒抽到大气中去，降低了空调器的工作能力。

2）当抽好真空后，没有用内六角扳手打开空调器上细管侧的阀门就摘下软管，导致空气和真空泵机油回流进空调器，给机器带来非常大的危险。

课题四　空调器检漏

在日常生活中，对于新安装的空调器，如果安装人员对安装过程不熟悉或在安装中存在一些疏漏，就有可能导致新安装的空调器存在制冷剂泄漏情况。

除此之外，对于已经使用过的空调器，由于受环境的影响，也可能导致空调器制冷剂泄漏。一旦空调器制冷剂出现泄漏，空调器不仅出现制冷、制热效果不良的情况，还会使得空调器压缩机处于长期工作状态，既增加耗电量，又会影响压缩机的使用寿命，甚至损坏压缩机。因此，当空调器出现制冷剂泄漏时，一定要将泄漏点找出，早日解决空调器制冷剂泄漏问题。

目前，检查空调器制冷剂泄漏点的方法有油污检漏、肥皂泡检漏、水中检漏、卤素灯检漏和电子检漏仪检漏等。

1. 油污检漏

空调器的制冷剂多为R22，R22与冷冻油有一定的互溶性。当R22有泄漏时，冷冻油会渗出或滴出。根据这一特性，可采用观察法，通过目测或手摸每一个管路接头所在的部位有无油污，来判断该处有无泄漏。当泄漏较少时，如果用手指触摸不明显，可戴上白手套或用白纸接触可疑处，也能查到泄漏处。这种方法适合初查或检查比较大的漏点，而当渗漏点是细微的小孔时，这种检漏方法就无法准确定位了。

2. 肥皂泡检漏

先将肥皂切成薄片，浸于温水中，使其溶成稠状肥皂液。

使空调器处于制冷或制热状态，工作几分钟后停机。此时，在被检部位用纱布擦去污渍，用干净毛笔蘸上肥皂液，均匀地抹在被检部位处，如图6-4所示。如果有气泡产生，说明该处有泄漏。如果空调器中制冷剂基本全部泄漏，为了便于检漏，有时需先向系统充入0.8～1.0MPa的氮气或一定剂量的制冷剂，通过肥皂泡检漏的方式，也可以检查出漏点。

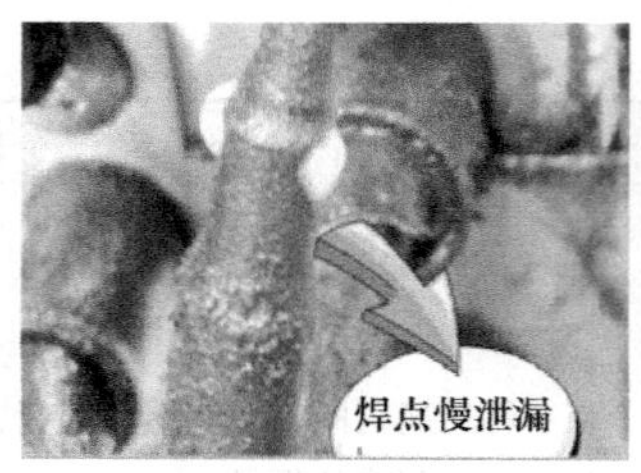

图6-4　检出漏点

3. 水中检漏

由于蒸发器、冷凝器等零部件体积比较大，采用油污检漏和肥皂泡检漏有些不便，因此常采用水中检漏的方法。即对蒸发器充入0.8MPa的氮气，对冷凝器充入1.9MPa的氮气，将工件浸入50℃左右、水面20cm以下的温水中，仔细观察，找到气泡产生点，即为漏点。

4. 卤素灯检漏

点燃检漏灯，手持卤素灯上的空气管，当管口靠近渗漏处时，火焰颜色会有变化。渗漏情况不同，火焰颜色也不同。如渗漏量从微漏到严重渗漏时，火焰颜色将从浅绿变化到深绿再到紫色。

5. 电子检漏仪检漏

使空调器处于制冷或制热状态后，打开电子检漏仪的电源开关，使检漏仪的探头靠近被检测部位并移动，如果遇到制冷剂气体，检漏仪会立即发出连续的声音信号，同时仪表上的指针发生偏转。由于电子检漏仪操作简单，而且检测灵敏度高，现在已经被广泛使用。

当空调器漏点被检出后，要及时对漏点进行补焊。补焊完毕，再进行一次检漏，如果没有再发现漏点，说明补焊成功。

课题五　空调器充注制冷剂

一、空调器缺少制冷剂后的现象

空调器缺少制冷剂，都会产生一些异常现象。为了判断空调器是否真缺少制冷剂，可以让空调器压缩机连续运转30min，若制冷系统缺少制冷剂，会出现表6-15中的现象。

表6-15　空调器缺少制冷剂后的现象

序　号	现　象	说　明
1	用手触摸压缩机气管阀门，没有明显的凉感	制冷剂不足，导致制冷剂在蒸发器内的沸腾终结点提前，使压缩机气管阀门的制冷剂过度增多，阀门的温度升高，大于室外空气的露点温度所致
2	压缩机液管阀门有一定的结霜	缺少制冷剂，将导致压缩机液管内压力下降，沸点降低，使液管阀门温度低于冰点
3	压缩机气管阀门结霜	说明略微缺少制冷剂或环境温度过低
4	打开室内机面板，取下过滤网，可发现部分蒸发器结露或结霜	由于制冷剂不足，仅仅使部分制冷剂在蒸发器内部发生了沸腾吸热，使制冷面积相应减小
5	室外机排风没有热感	制冷剂不足，将导致冷凝压力、冷凝温度都降低，排风温度也随之降低

（续）

序号	现象	说明
6	排水软管断断续续排水或根本不排水	制冷剂不足，蒸发器制冷面积减小，结露面积也减小，凝结水量减少
7	室外机气、液阀门有油污，有油污就有泄漏	制冷剂与冷冻油有一定的互溶性，制冷剂从漏点逸出后进入大气中，而油附着在漏点周围
8	测量空调器的工作电流小于额定电流	制冷剂不足使压缩机工作负荷减小，电流下降
9	从室外机充注制冷剂口测量的压力低于0.45MPa	制冷剂不足导致了蒸发压力下降

二、空调器加注制冷剂的前期准备

空调器在缺少少量制冷剂时需要准备的工具及设备见表6-16。当空调器因为维修或其他因素导致需要重新灌注制冷剂时，还需要准备表6-1和表6-13中的工具。

表6-16 空调器加注制冷剂的工具及设备准备

序号	名称	示意图	说明
1	加氟管		用于三通阀、灌装的制冷剂瓶、压缩机之间的连接
2	高低压表		测量灌装制冷剂瓶的压力
3	开瓶阀		开启制冷剂瓶盖
4	制冷剂瓶		内装制冷剂
5	活扳手		紧固、松开螺母

三、空调器加注制冷剂

一旦确定空调器缺少制冷剂，就需要给空调器加注制冷剂。在给空调器加注制冷剂时，应选择与空调器原来使用型号相同的制冷剂，并且加注量要合适。加注制冷剂的方法有称量法、压力法和电流法等。

1. 称量法加注制冷剂

称量法加注制冷剂一般适用于空调器已经抽完真空的情况。当空调器抽完真空后，可以按图6-5所示的方式为空调器加注制冷剂。其操作方法见表6-17。

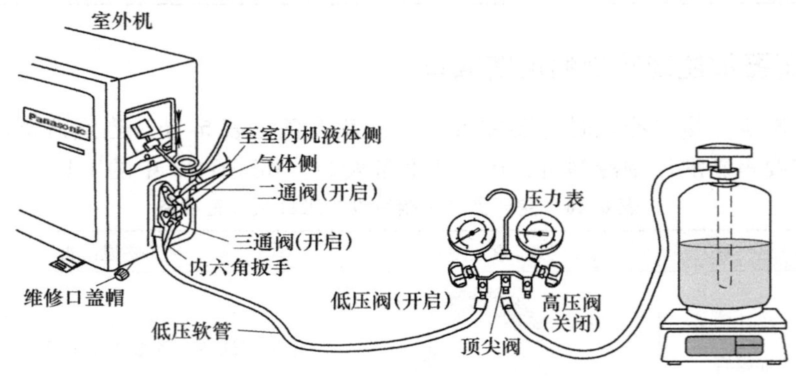

图6-5　称量法加注制冷剂连接图

表6-17　称量法加注制冷剂的操作方法

工　序	示 意 图	操 作 流 程
1	分体热泵型挂壁式房间空调器 室外机 KFR-32W/C04-2 额定电压 220V～ 额定频率 50Hz 制冷/制热额定功率 919/1020W 最大输入功率 1370W 制冷剂名称及注入量 R22 1.2kg 防水等级 I PX4 质量 36kg 出厂编号 135190065124 制造日期 2011.02 GREE 珠海格力电器股份有限公司	根据需要充注制冷剂的空调器室外机组上的铭牌的标注，确定使用制冷剂的名称和充注量
2	—	空调器抽真空
3		拆下空调器室外机三通修理阀帽
4		用充注制冷剂软管连接充注制冷剂瓶接口。将软管的另一头与空调器三通阀连接上，但是不要将软管上的螺母拧紧

（续）

工　序	示 意 图	操 作 流 程
5	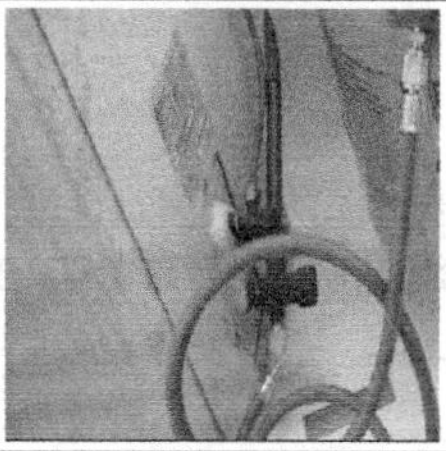	打开制冷剂瓶阀，排出充注制冷剂管路中的空气。约3s后，用活扳手拧紧充注制冷剂管路螺母，直至顶开三通阀芯，然后关闭制冷剂瓶上的阀开关 注意不要将制冷剂溅到手上
6	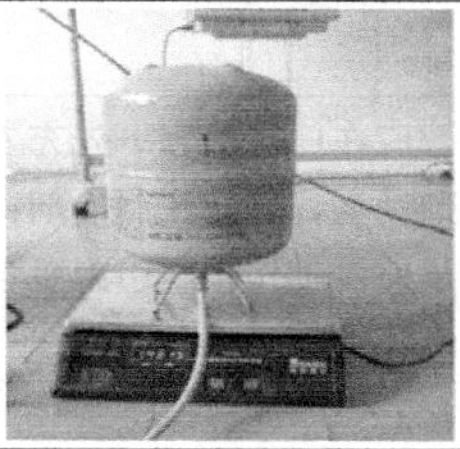	将制冷剂瓶放于电子秤上，再将电子秤归零。开启制冷剂瓶的阀开关，观察电子秤上数据的变化。当充注的制冷剂量达到空调器规定的制冷剂量时，应立即关闭制冷剂瓶上的阀开关
7	—	试运转30min后，空调器制冷或制热效果达到要求，说明充注制冷剂成功
8	—	将空调器三通阀连接管拆下，再拆下高、低压表及连接管，最后清理、整理现场

2. 压力法加注制冷剂

压力法加注制冷剂的操作方法见表6-18。

表6-18　压力法加注制冷剂的操作方法

工　序	示 意 图	操 作 流 程
1		用充注制冷剂软管连接制冷剂钢瓶、压力表
2		拆下空调器室外机三通修理阀帽
3	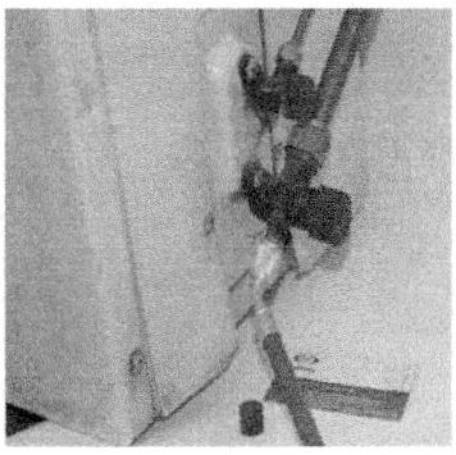	用充注制冷剂软管连接压力表和室外机三通阀充注制冷剂接口，不要将三通阀上连接的软管拧紧

（续）

工　序	示 意 图	操 作 流 程
4		打开制冷剂瓶，并将低压表开关微微打开，排出管路与氟表中的空气。约5s后，用活扳手拧紧充注制冷剂管路螺母，直至顶开三通阀芯 注意不要将制冷剂溅到手上
5	—	若制冷系统预先已抽真空，应在停机状态下先充入制冷剂气体，待压力表指针不再升高时，再起动空调器充注制冷剂；或者在不需抽真空的条件下起动空调器，使压缩机工作，利用钢瓶与制冷系统的压力差充入制冷剂
6		使空调器处于制冷、高风速状态下运行。一边充注制冷剂，一边观察压力表指针的变化。通过间断性地充注制冷剂，使压力表指针维持在空调器上标注的标准范围内。每次维持压力期间，必须关闭制冷剂瓶阀门
7	—	试运转30min后，空调器制冷或制热效果达到要求，说明充注制冷剂成功
8	—	将空调器三通阀连接管拆下，再拆下高、低压表，最后清理、整理现场

3. 电流法加注制冷剂

电流法加注制冷剂的方法就是在加注制冷剂的同时，采用数字式钳形电流表测量压缩机的运行电流。当测量的电流值达到额定值时，稳定运行一段时间，如果测量的电流值不变，说明充注制冷剂成功。如果测量的电流值低于额定值，说明加注制冷剂不足；如果测量的电流值大于额定值，说明加注制冷剂过多。加注制冷剂不足时应及时补充，加注制冷剂过多时需要排放一些制冷剂。

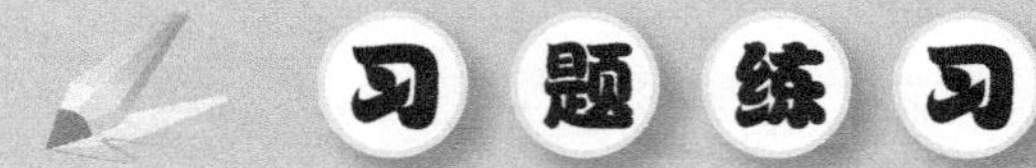

一、简答题

1. 加工空调器管路需要哪些工具？铜管的加工方式有哪些？
2. 简述焊枪的操作步骤。
3. 试举一例，简述空调器检漏方法是如何操作的。

二、实践题

走访空调器维修服务中心，编制空调器打压、检漏、抽真空及充注制冷剂的全过程。

综合实训与考核　空调器的管路加工、焊接与充注制冷剂

<table>
<tr><td>小组名称</td><td></td><td>小组组长</td><td></td></tr>
<tr><td>小组成员</td><td colspan="3"></td></tr>
<tr><td>实训目的</td><td colspan="3">在安全文明活动条件下，掌握空调器管路加工、管路焊接、抽真空、检漏及充注制冷剂的方法</td></tr>
<tr><td>实训器材</td><td colspan="3">割刀 1 把、剪刀 1 把、弯管器 1 套、封口钳 1 把、胀管器 1 套、气焊工具 1 套、焊条若干、安全带 1 副、真空泵 1 台、负压表 1 个、活扳手 2 把、内六角扳手 1 套、计时器 1 个、台虎钳 1 把、组合工具 1 套、加氟管 1 套、肥皂 1 个、毛刷 1 个、瓶装制冷剂若干公斤、A4 纸若干、文具一套、不同类型的空调器若干</td></tr>
<tr><td>实训内容</td><td colspan="3">1）会对空调器管路进行正确加工和焊接
2）会对空调器进行检漏、抽真空、充注制冷剂</td></tr>
<tr><td>成员分工</td><td colspan="3">（注：描述成员工作分工及工作职责）</td></tr>
<tr><td>空调器管路加工与焊接</td><td colspan="3">（注：反复练习空调器管路加工与焊接，并将全过程记录在 A4 纸上，然后再将 A4 纸粘贴在此处）</td></tr>
<tr><td>空调器检漏、抽真空与充注制冷剂</td><td colspan="3">（注：反复练习对空调器管路进行检漏、抽真空、充注制冷剂，并将全过程记录在 A4 纸上，然后再将 A4 纸粘贴在此处）</td></tr>
<tr><td>小组自评</td><td colspan="3">年　月　日</td></tr>
<tr><td>教师评语</td><td colspan="3">签名：　　　　年　月　日</td></tr>
</table>

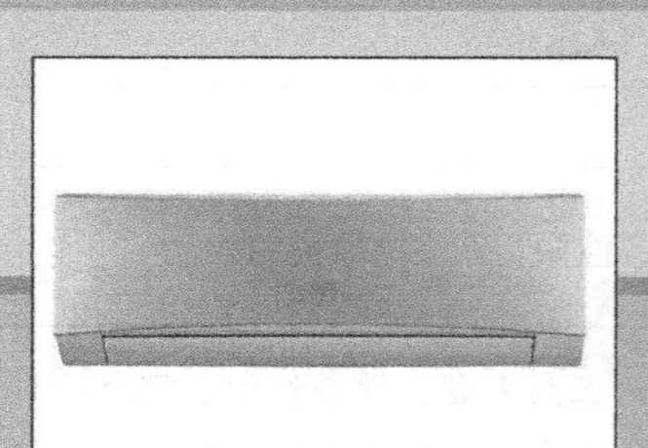

单元七 空调器的选择、安装与移机

【内容构架】

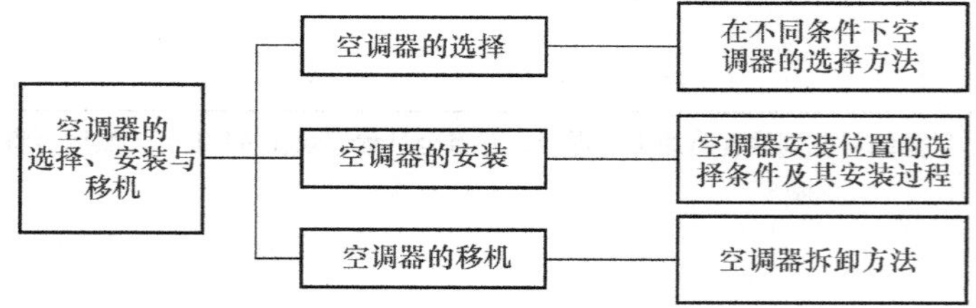

【学习引导】

目的与要求

1）熟悉不同环境下空调器的选择方法。

2）熟悉空调器对供电系统的配套要求；会正确选择新的空调器的安装位置，并熟练掌握其安装方法。

3）熟悉空调器移机前的准备条件及移机方法。

重点与难点

重点：根据不同条件，正确选择空调器。

难点：空调器的安装与移机。

课题一　空调器的选择

人们在购买空调器时往往都十分慎重，总是希望买到称心如意的产品，如价格便宜、性能优异、稳定、安全可靠、耗电量低等。因此，掌握选择一款合适的空调器的方法就显得十分重要。

一、影响空调器选择的因素

不管空调器种类有多少，人们在选择时总是有些徘徊，就是因为影响空调器选用的因素太多，主要因素有使用的地区差异、工作环境、供电方式；次要因素是用户的经济承受能

力，这些因素影响了人们的正确选择。

1. 地区差异

我国属季风性气候区，冬夏气温分布差异很大。气温分布特点为冬季气温普遍偏低，南热北冷，南北温差大，超过50℃，主要原因在于冬季太阳直射南半球，北半球获得的太阳能量少，受纬度影响，导致冬季盛行冬季风；夏季全国大部分地区普遍高温（除青藏高原外），南北温差不大，主要原因在于夏季太阳直射北半球，北半球获得的热量多，夏季盛行夏季风，我国大部分地区的气温上升到最高值。除此之外，随着我国现代化建设和城市化的发展，工业科技水平不断提高，各种排放物质量增加，导致我国各地区温度普遍有所提高。除了号称我国“三大火炉”的重庆、武汉、南京外，新增了不少“火炉”。

因此在选择空调器时，不得不考虑当地的气候条件对使用者的影响。

2. 工作环境

空调器的工作环境是指使用者使用的房间面积、朝向、空间高度、楼层高低、密封程度、隔热情况、人员数量及人员健康状况等。随着上述因素的变化，空调器工作环境也在发生改变。人们在选用空调器时，应该针对自身工作环境进行考虑。

3. 供电方式

空调器的供电方式有220V和380V供电。一般空调器，制冷量小的采用220V供电，3匹及以上大功率的往往采用380V供电。因此，人们在选择空调器时，应该尽可能地选择适合自己房屋供电方式的空调器。

4. 经济承受能力

根据自己的经济承受能力，本着节约用电的原则，选择适合自己使用的空调器。

二、空调器的制冷量、制热量的选择

1. 制冷量的选择

消费者在选购空调器时，应该根据影响空调器选择的多种因素来选择制冷量。如果选择的空调器制冷量不足，则房间的温度降不下来，就会影响消费者预期的效果和心情。

消费者在选择空调器的制冷量时，应根据其使用场所不同，选择不同单位房间面积耗冷量参考值，见表7-1。

表7-1 单位房间面积耗冷量参考值

房间用途	单位面积耗冷量/(W/m^2)	房间用途	单位面积耗冷量/(W/m^2)
普通房间	140～160	一般办公室	170～180
客厅、饭厅	150～175	会议室、餐厅	350～441
个人小型办公室	140～160	顶层房间	220～280

注：1. 表中要求室内温度在27℃以下，房间高度不超过3m，窗户紧闭且挂窗帘，房门不能频繁打开，室内不含发热器具。

2. 单位面积耗能量数值的选择：房屋处于高层，位于阳面，有阳光直射，室内人员比较多时，发热设备比较多，可取指标上限值；反之，可取下限值。一般情况下取中间值。

依据单位房间面积耗冷量参考值，可以推算出不同房间面积、匹与制冷量三者之间的关系，见表7-2。

表7-2 房间面积、匹与制冷量的关系

房间面积/m^2	匹（HP）	制冷量/W	房间面积/m^2	匹（HP）	制冷量/W
11～17	1	2300～2500	30～33	2	4000～5200
18～23	1.25	2600～2800	27～42	2.5	5800～6200
18～25	1.5	3000～3600	40～45	3	6500～7200

依据表7-1给定的参考值，不同房间所需的制冷量计算公式为

$$所需制冷量=单位面积所需制冷量\times房间地面面积$$

例如：某家庭客厅使用面积为$15m^2$，若按$1m^2$所需制冷量160W考虑，则所需空调制冷量为：$160W/m^2\times15m^2=2400W$，即$\frac{2400}{2326}$匹≈1.03匹。

这样就可根据所需2400W的制冷量对应选购具有2500W制冷量的1匹的KF-25GW型分体壁挂式空调器。

在实际选择制冷量的过程中，考虑到各种因素的影响，应该选择比计算出来的所需制冷量稍高一些。只有这样，才能达到消费者的预期效果。

2. 制热量的选择

一般情况下，冬季室内、外温差比夏季室内、外温差大，所以冬天室内供热量比夏天耗能量多，为夏季耗能量的1.2～1.4倍。在选择冷暖型空调器时，空调器的制冷量、制热量都要满足要求。

三、空调器的选购

空调器的选购参见表7-3。

表7-3 空调器的选购

步骤	项目	说明
1	确定空调器的电源供电方式	空调器供电有单相220V和三相380V供电方式，根据家庭供电情况选择合适的空调器
2	选择空调器类型	若希望噪声小并对房间有一定的装饰作用，可选择分体式空调器
		若仅需为房间降低温度，可选择单冷式空调器；反之，选择冷暖式空调器
		若经济条件较好且需要空调器长期运行，可选择变频空调器
		若房间个数比较多，每间面积较小，可选择一拖二或一拖三型或家庭小型中央空调器
3	计算房间制冷量或制热量	根据地区差异、工作环境（房间面积、朝向、空间高度、楼层高低、密封程度、隔热情况、人员数量及人员健康状况）等因素计算出需要消耗的制冷量或制热量
4	选择空调器品牌	依据自己的经济实力，选择自己喜欢的空调器品牌

（续）

步　骤	项　目		说　明
5	确定空调器型号		依据前面选项，确定空调器的型号
6	其他选项	能耗比选择	我国规定在每个空调器上均应有“中国能效标识”。能效标识分为1、2、3、4、5级。能效比越低，说明空调器耗电量越少，也就越节能，具体见表7-4
		功能	根据需求，选择变频、直流变频、静电集尘、加湿、换新风、负离子等空调器产品
		外貌特征	美观、具备装饰特点

表7-4　能效标识与能效比的关系

能效标识（等级）	能效比	能效标识（等级）	能效比
1	3.4以上	4	2.8～3.0
2	3.2～3.4	5	2.6～2.8
3	3.0～3.2		

例如：某消费者在武汉市购买了一套两室一厅住房，位于中间楼层，空间高度为2.8m，朝南，主卧为20m^2，次卧为15m^2，客厅为38m^2，内部装修基本完成。现准备为每个房间购买一台空调器，以便使用。试问该消费者应该如何购买空调器？

解：按照表7-3的步骤进行选择，见表7-5。

表7-5　空调器的选择步骤

步　骤	项　目		说　明
1	确定空调器的电源供电方式		经过观察了解到，房间供电均为220V的交流电
2	选择空调器类型		因家住武汉市，环境温度为冬天冷、夏天热，因此选择噪声小并对房间有一定的装饰作用的分体式空调器
3	计算房间制冷量或制热量	主卧	主卧面积为20m^2，参照表7-1，按普通房间计算，其耗冷量为150W/m^2×20m^2=3000W。参考表7-2，选择1.5匹、制冷量为3000～3600W的空调器。制热量按照耗能量的1.2倍计算，为3600W
		次卧	次卧面积为15m^2，参照表7-1，按普通房间计算，其耗冷量为150W/m^2×15m^2=2250W。参考表7-2，选择1匹、制冷量为2300～2500W的空调器。制热量按照耗能量的1.2倍计算，为2700W
		客厅	客厅面积为38m^2，参照表7-1，其耗冷量为160W/m^2×38m^2=6080W。参考表7-2，选择2.5匹、制冷量为5800～6200W的空调器。制热量按照耗能量的1.3倍计算，为7904W
4	选择空调器品牌		主卧和次卧选择科龙牌，客厅选择美的牌
5	确定空调器型号	主卧基本型号	KRF-33GW/GF
		次卧基本型号	KFR-25GW/D
		客厅基本型号	KRF-61LW/ED

当空调器基本型号选择好后，消费者可以根据自己的经济能力，选择其他选项功能的产品，如选择变频或直流变频等，以此来满足自己的消费需求。

课题二 空调器的安装

新购买的空调器按照常规安装，一般是不需要对空调器或其管路等部件进行处理的，只需要按照说明书的要求安装就可以，安装完成后的示意图如图 7-1 所示。

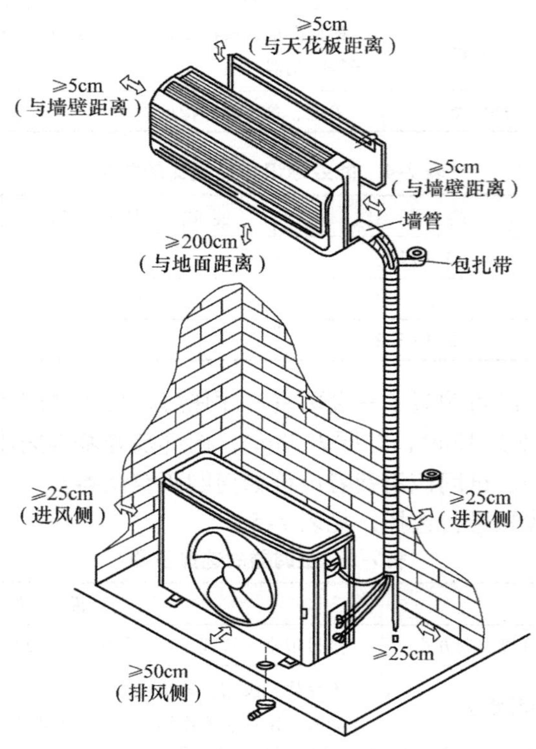

图 7-1 空调器安装完成后的示意图

为了方便快捷、保质保量地安装空调器，需要对空调器的安装流程及安装方法有所了解。

一、空调器的安装流程

整体式家用空调器的安装比较简单，此处主要介绍分体式空调器的安装。其常规安装流程如图 7-2 所示。

二、分体式空调器的安装

1. 壁挂式空调器的安装

（1）仪器仪表及工具准备　按照空调器常规安装流程，在安装壁挂式分体空调器前，应该做好表 7-6 中的仪器仪表及工具等准备工作。

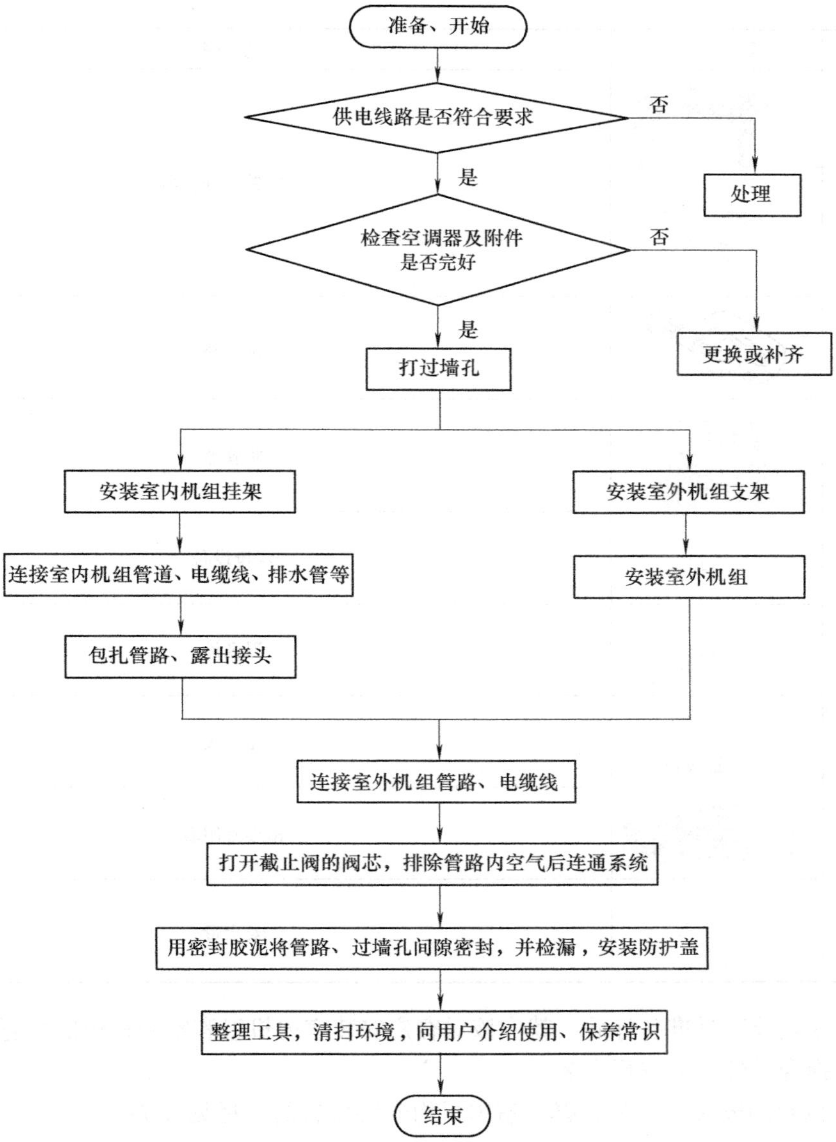

准备、开始

供电线路是否符合要求

否 → 处理

是

检查空调器及附件是否完好

否 → 更换或补齐

是

打过墙孔

安装室内机组挂架

连接室内机组管道、电缆线、排水管等

包扎管路、露出接头

安装室外机组支架

安装室外机组

连接室外机组管路、电缆线

打开截止阀的阀芯，排除管路内空气后连通系统

用密封胶泥将管路、过墙孔间隙密封，并检漏，安装防护盖

整理工具，清扫环境，向用户介绍使用、保养常识

结束

图 7-2　空调器常规安装流程

表 7-6　壁挂式空调器安装前的仪器仪表及工具准备

准备项目名称	示　意　图	说　明
所需仪器仪表及工具		组合工具：钳子、卷尺、内六角扳手、活扳手、铁锤、试电笔
	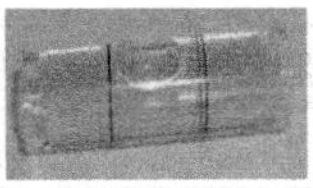	水平仪

（续）

准备项目名称	示　意　图	说　明
所需仪器仪表及工具		冲击钻、开孔器
		割管器
		胀管器
		焊枪设备
		温度计
		压力表
		钳形万用表
		安全带

当仪器仪表及工具准备好后，就应该对客户安装室内机组和室外机组的位置进行实地考察，以便选择合适的位置进行安装。

（2）室内机组安装位置的选择　室内机组安装位置的选择见表7-7。

表7-7　室内机组安装位置的选择

序　号	项目名称	要　求
1	供电电源	根据空调器制冷量的大小，选择单相电源或三相电源。如果空调器的额定功率比较大，则需要单独走线供电。通过观察空调器插头上的标识选择对应的插座
2	工作环境	不宜安装在易燃易爆、有强腐蚀气体的环境，如厨房、卫生间等
		避免安装在电视机附近，及油烟大、阳光直射、室内通风散热不畅、有高温热源的位置
		安装在儿童不易触及的位置
		安装在维修、排水方便，通风比较好的位置
3	墙体承重	选择安装在墙体坚固、不易受到振动、承重量大于空调器室内机组质量的位置
4	高度	安装高度与地面距离应大于2m，与天花板、临近墙壁的距离应大于5cm

（3）室外机组安装位置的选择　室外机组安装位置的选择见表7-8。

表7-8　室外机组安装位置的选择

序　　号	项目名称	要　　求
1	工作环境	选择通风条件良好、所产生的噪声不影响周围人们生活的位置
		尽量选择在不易受雨淋或阳光直射及海风吹到的位置
		安装的位置应该尽可能远离可燃性气体、腐蚀性气体、油雾、蒸汽，如厨房、卫生间等
		安装在方便维修的位置
2	墙体承重	选择安装在墙体坚固、不易受到振动、承重量远大于室外机组质量的位置
3	高度	安装高度应低于室内机组，两者之间的高度差不超过8m。与室内机组的距离不宜超过5m。超过5m后就应该补充制冷剂，具体见表7-9

表7-9　单位长度管路补充制冷剂估算表

型　　号（制冷量）	一般配管长度/m	最大管长度/m	管长每增加1m，补充制冷剂量/g
20、25机型	4	8	20
31、32、35、40、45机型	5	10	25
50、60、70机型	6	15	30

当室内机组与室外机组的位置选择好后，就可以按照流程进行安装了。

（4）室内机组的安装　室内机组的安装过程见表7-10。

表7-10　室内机组的安装过程

步　　骤	项目名称	安装示意图	安装过程
1	安装板固定		将室内机组背面的安装板取下，放在预先选择好的安装位置，进一步调整安装板，直到满足离地面、墙体、天花板的尺寸为止。此时，用水平仪微调安装板，使之保持水平、不动；再用螺钉旋具透过安装板在墙上画出4～6个固定安装板的螺钉的位置，取下安装板；用冲击钻钻出4～6个小孔，将塑料膨胀管或木塞放入其中（有时需要击打进去）；再次将安装板放置在原来固定的位置上，将自攻螺钉透过安装板，对准塑料膨胀管或木塞，用螺钉旋具旋紧
2	墙壁开孔		将开孔器与冲击钻连接，冲击钻通电。确定开孔位置附近无电线、排水管及钢筋等后，再进行打孔。从室内向室外打孔，打好的墙孔斜度为5°～10°，并内高外低，以便保证排水管内的水流出去。在打好的孔的内外侧安装护圈，并用石膏粉或油灰封住
3	连接铜管		首先拧下铜管接头处的塑料堵头，在连接锥头上涂上一层冷冻油，将管子与喇叭口对准，使对接铜管中心线位于一条线上，先用手拧，再用扳手紧固，切忌损坏喇叭口

（续）

步　骤	项目名称	安装示意图	安装过程
4	连接排水管	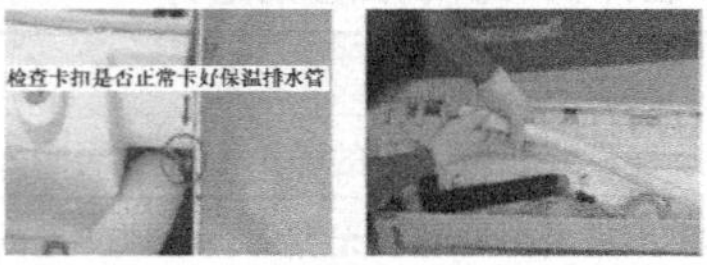	事先检查排水管根部卡扣是否松脱，排水管保温棉是否有破损
		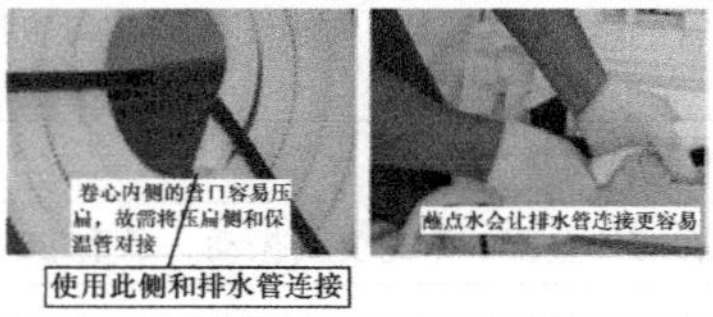	若没有问题，则打开排水管包装，将其卷心侧蘸水；用力将排水管与吹塑排水管卷心侧对接到位
		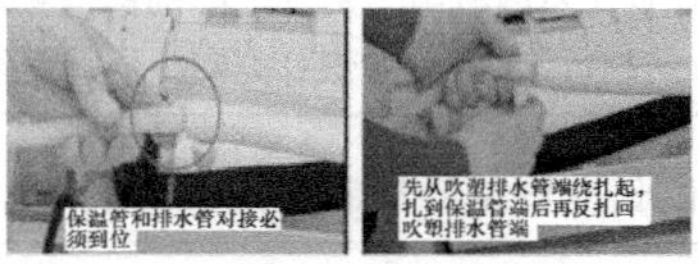	先从吹塑排水管端绕起，扎到保温管后再反扎回吹塑排水管侧。为保证连接处的强度达到要求，必须对接到位且要使用胶带缠绕两次以上
		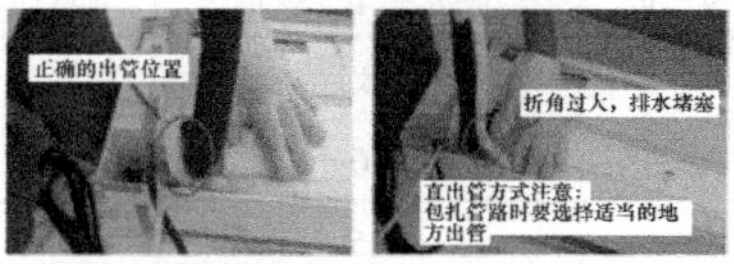	根据实际使用环境确定水管是左出、右出还是后直出管方式
		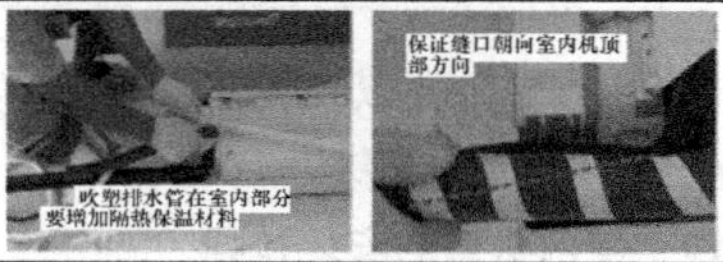	包扎排水管时要增加隔热保温材料，被撕开的保温棉缝口一定要朝向机顶方向
5	包扎管路	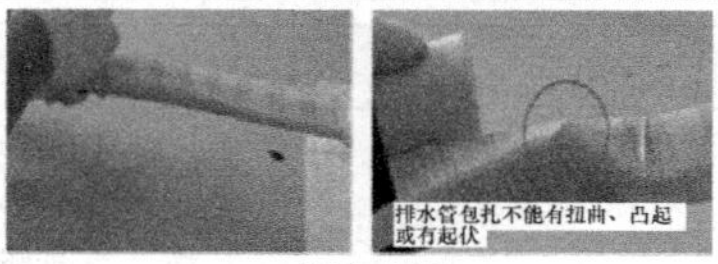 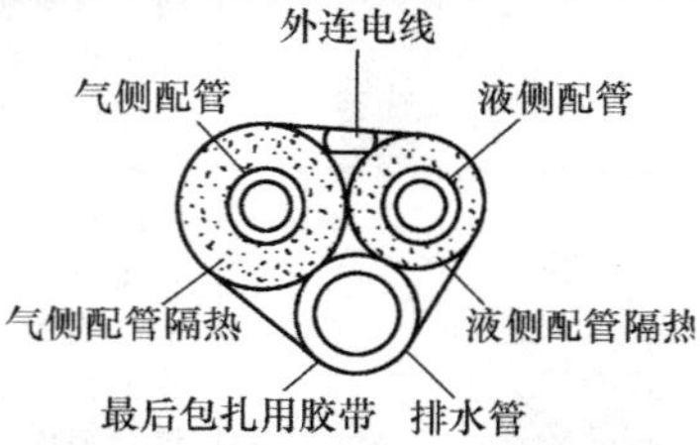 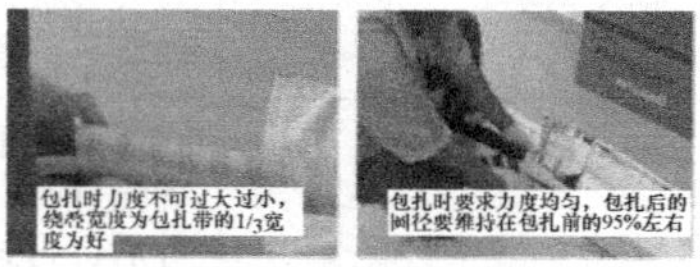 外连电线 气侧配管　液侧配管 气侧配管隔热　液侧配管隔热 最后包扎用胶带　排水管	将与室内机组连接的连接管（液管和气管）、电源线、排水管等在地面顺直，将三者放在一起，使之连接管在上面，电源线在侧面，排水管在下。按照确定的包扎方向，一边对它们进行整形，一边用不粘胶带从头沿 45°角缠绕，均匀包扎，绕叠宽度为包扎带的 1/3 为宜；不可绕得过紧，以紧绷而富有弹性为准，绕到离插接器端头不远处打结
6	管路穿孔	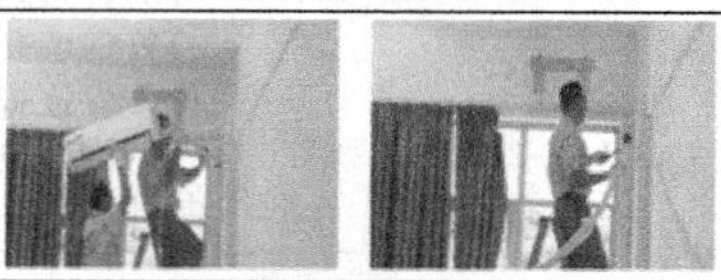	在将管路穿墙时，切忌将铜管堵头拿掉，以防穿墙时灰尘落入 在将管路穿墙的过程中，应两人协作将管路穿出墙外；在弯管时，要对管路进行保护，不能折
7	挂装室内机组	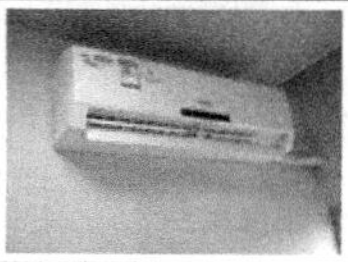	将管路顺直后，再将室内机组挂在安装板上，并保证室内机组稳定、牢固

（5）室外机组的安装　室外机组的安装过程见表 7-11。

表 7-11　室外机组的安装过程

步　骤	项 目 名 称	安装示意图	安装要求及方法
1	安装固定支架		无横梁安装方法：使用水平仪和卷尺，在墙壁上找出固定孔位置；用膨胀螺栓固定好，注意螺栓一定不要少用，安装架必须水平，左右支架孔距和空调器底座孔距保持一致
			有横梁安装方法：对需要组装的支架，两个横梁和三角架上的螺钉全部都要用扳手拧紧 安装人员系好安全带，在保证人身安全的前提下，先用一支膨胀螺钉固定好支架，再用水平尺确定水平后在对称侧安装另外一颗膨胀螺钉，随后装上所有膨胀螺钉
2	固定室外机组		将室外机组放到安装好的支架上，将地脚螺钉全部拧紧

（6）室内、室外机组的连接　室内、室外机组的连接分为电源连接和管路连接，其连接要求及方法见表 7-12。

表 7-12　室内、室外机组的连接要求及方法

项 目 名 称	连接示意图	连接要求及方法
连接室内、室外机组铜管		拧开截止阀螺母，使铜管喇叭口对准截止阀中心；先用手旋上管螺母至无法转动，然后用扳手拧紧
连接室内机组电线	—	挂机的室内机组电源线已经连接好，不需要再连接
连接室外机组电线		首先拆下室外机组接线盖；再拆下电源连接线压块，按照室外机组的接线图、对应线的颜色和线号，将电源线线芯插到端子板上，并紧固螺钉，保证电源线接触牢固；检查接线无误后，装上接线盖

（7）空调器制冷系统的排空与检漏　空调器经过前期安装，已经构成了一个整体，但是还不能使用。因为在安装过程中，连接管内还有些空气，一旦运行，既达不到需要的效果，还对空调器有伤害。因此，必须对制冷系统中的空气进行排空。排空的方法有两种，一种是采用真空泵抽真空的方式进行，另一种是采用室外机组中本身的制冷剂进行排空。在实际操作中，大多数采用第二种方法。采用空调器本身制冷剂排空的过程见表 7-13。

表 7-13　制冷剂排空过程

项目名称	示意图	操作方法
二通阀与三通阀	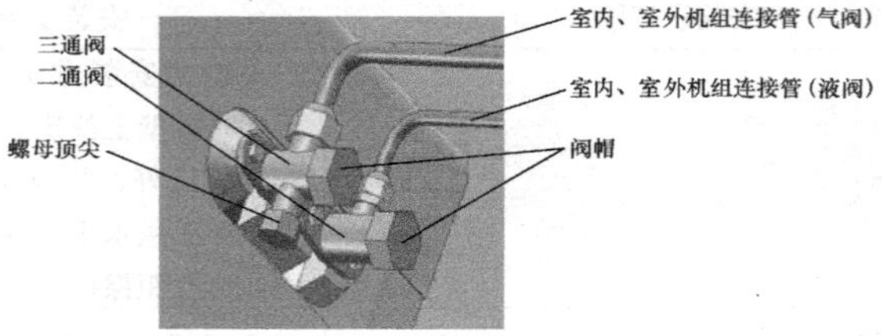	认识图样中连接室外机组与室内机组的二通阀和三通阀的外观及对应部分名称
拆卸阀帽及三通阀排气螺母	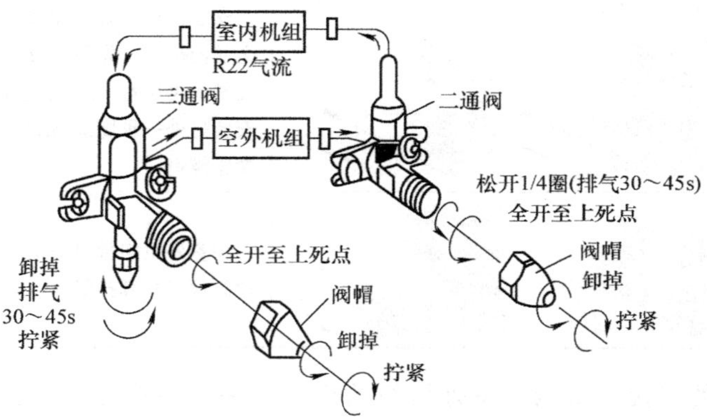	在空调器不通电条件下，用活扳手将二通阀及三通阀的阀帽、排气螺母卸掉
制冷剂排空		用十字螺钉旋具顶住三通阀顶尖处，顶尖打开，同时用内六角扳手将二通阀阀帽内的阀芯松开 1/4 圈。此时，可以听到从阀针孔中有空气排出，估计排气时间约为 10～20s（柜机为 20～30s）。若感觉到排出的气体有冷气时，说明制冷系统管路中的空气已排尽，此时应松开顶住三通阀的十字螺钉旋具，还原三通阀排气螺母，排空至此完成
开启二通阀和三通阀		用内六角扳手将二通阀和三通阀阀芯拧到开启后的死点，即开到最大，以保证制冷剂在循环过程中畅通无阻，再将阀帽还原、拧紧

当空调器制冷系统中的空气排空后，要用电子检漏仪或肥皂水认真对每个连接点进行检漏，以保证每个连接点连接可靠，无制冷剂泄漏。

（8）空调器安装后的检查　当空调器安装完毕后，应该对连接的电源线是否接好、室内外机组安装牢固性、外壳是否接地、排水管是否畅通等再进行一次检查，为通电试机做好准备。

（9）空调器试运行　空调器试运行主要检查指标有空调器功能、排水、噪声及进出风口的温差等。

将空调器接通电源，开机。在制冷状态下运行时，室内机组、室外机组都不应有异常碰撞声，产生的噪声在噪声参数以内；当空调器运转 10min 后，室内机组应有冷气吹出，如果采用数字式温度计测量空调器出风口和进风口的温度，应该相差 8℃以上。另外，室外出水管应有流畅的冷凝水流出，室外机组的低压气管（粗管）截止阀处应结露。

当制冷效果达到用户要求后，就需要测试空调器的其他功能。当所有指标达到要求时，空调器试运行才确定成功。

当安装人员对空调器试运行成功后，应及时整理工具，清扫环境，向用户介绍使用、保养常识，以便用户今后的使用。

2. 落地式空调器的安装

图 7-3 所示为落地式空调器安装后的效果图。在安装室外机组的过程中，为了便于安装、散热及维修，必须保证图 7-3 中 *A*、*B*、*C* 三个方向中有两个方向是畅通的。

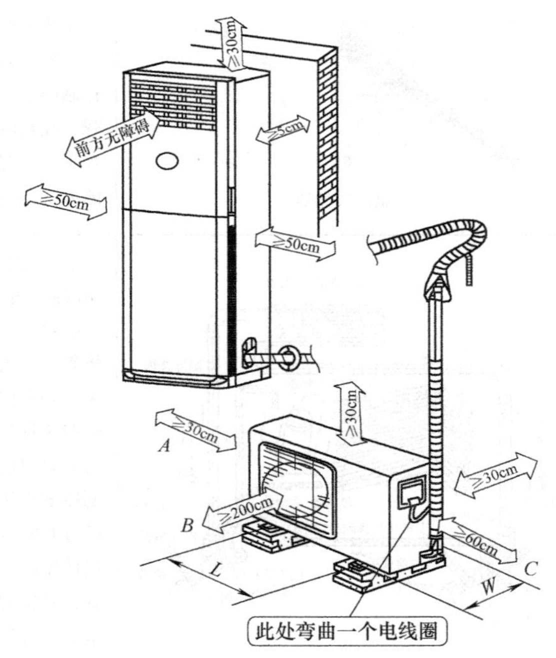

图 7-3　落地式空调器安装后的效果图

落地式空调器与壁挂式空调器相比，具有制冷快、制冷量大和质量较大的特点。它分为室内机组和室外机组两部分，其安装方法与壁挂式空调器基本相同，不同点如下：

1）室内机组应安装在地面结实、平坦、进出气流流畅的地方。

2）根据实际情况，室外机组除了可安装在墙体的外壁以外，还可以考虑放置在地面和楼顶。当室外机组放置位置高于室内机组时，为防止雨水顺着管路流入室内，应在连接管穿墙进入室内之前，设置一个向下的弧形弯曲，保证最低点在室外。

课题三　空调器的移机

空调器经过一段时间的使用后，会因为各种因素，需要对空调器进行拆除和再次安装，这一过程称为移机。为了保证移机后不影响空调器再次的使用，需要按照表 7-14 中的操作程序进行拆除和再次安装。

表 7-14　空调器的拆除

步　　骤	项目名称	实物图与示意图	说　明
1	拆机准备	真空泵	需两个或两个以上的熟练制冷修理工，工具一套，仪器仪表、制冷剂、压力表、真空泵、检漏仪、焊枪、安全带等设备
2	选择制冷状态	温度传感器	接通电源，让空调器工作在制冷状态下。如果环境温度低，空调器无法工作在制冷状态，可以将室内机组的外壳打开，找到温度传感器，并将温度传感器置于一杯温水（30～40℃）中，通过人工的方式强迫空调器工作在制冷状态
3	回收制冷剂	室内机组蒸发器 制冷管路 压缩机 制冷管热 室外机组冷凝器 锻焊封口 锻焊封口 封堵器 过滤器 毛钢管 制冷器 低压液体管 低压气体管 低压气体阀(三通阀) 内六角扳手 内六角扳手 阀帽 工艺阻帽 阀芯 燃气阀门 低压液体阀 (三通阀) 阀帽 闸芯	让空调器在制冷状态下工作5～10min，当压缩机运行正常后，用扳手拧下室外机组的液体管（二通阀）与气体管（三通阀）上的阀帽，用内六角扳手关闭液体管（细管，对应的二通阀）的截止阀门，使室外机组的制冷剂不再流入室内机组，原来还在室内机组中的制冷剂由压缩机抽回到室外机组。大约经过60s后，制冷剂基本上回收干净，然后用内六角扳手迅速关闭气体管（粗管，对应的三通阀）上的阀门，再关闭电源。将拧下的阀帽重新装回，并拧紧
4	拆除管路（连接管、电缆线、排水管）	—	当制冷剂回收成功后，在确保人身安全的前提下，用扳手拧开室内机组与室外机组的连接管；断开电缆线和排水管，并对拧开的连接管两端进行封堵，防止脏污进入，在搬运时应防止连接管压扁或断裂等。当管路全部断开后，两人小心翼翼地从穿墙孔中取出所有管路
5	摘除室内、室外机组	—	在保证安全的情况下，由两人或两人以上配合方可拆卸室内、室外机组。如果室内、室外机组安装位置比较高，存在拆卸安全风险，需要对室内、室外机组分别采用绳索吊住，在保证稳定、平衡的前提下缓慢释放绳索，直到室内、室外机组与地面接触稳定为止
6	清理现场	—	清点拆卸下的物品，并放置到安全地方；整理安装现场；清点工具等

拆卸后的空调器在重新安装时，其安装步骤与安装一台新的空调器相同，所不同的是要注意以下几点：

1）在连接管路前应检查连接管是否有弯瘪、裂纹、折口等现象。如果有，则需要对管路进行切断、重新扩口、焊接，以保证制冷剂在连接管中不会出现二次节流，造成制冷效果下降。

2）采用万用表检查电缆线是否有短路、断路现象。如果存在问题，及时更换对应的线路。

3）采用检漏仪或肥皂水(洗洁剂)检查制冷系统，确保无泄漏现象。若采用肥皂水(洗洁剂)进行检漏，需将肥皂水(洗洁剂)涂抹在怀疑有泄漏的部位，应认真、细心观察有无气泡冒起。如果有气泡，说明该点有泄漏，应采用焊枪补焊，直到不漏为止。

当空调器重新安装好后，应进行试机运行，检查是否需要补充制冷剂。其判断方法可采用表压法（R22 对应蒸发器压力约为 0.5MPa）、电流法(铭牌标注电流值)和观察法(室外机组连接管结露情况、进出风口温差、排水管排水情况)等来确定。

如果一经证明需要补充制冷剂，可以在空调器制冷系统工作的条件下，采用低压侧气体加注法缓慢添加制冷剂。

习题练习

一、填空题

1. 影响空调器选择的因素有________、________、________、________。

2. 空调器制冷量的计算公式是________。

3. 选择空调器的步骤为________、________、________、________、________和________。

二、实践题

1. 写出空调器的安装流程。

2. 根据自己家庭房屋的布局情况，设计一个在自己房屋内安装空调器的实施方案。

具体要求：

1）对房屋进行分析。包括居家时一年四季温度及大气、周边环境分析，房屋结构图分析。

2）空调器选择分析。

3）购买空调器品牌分析。

4）安装及调试分析。

综合实训与考核　空调器的选择、安装与移机

小组名称		小组组长	
小组成员			
实训目的	在安全文明活动条件下，掌握对空调器的选择、安装与移机的方法		
实训器材	组合工具1套、台虎钳1把、卷尺1个、活扳手2把、内六角扳手1套、铁锤1把、试电笔1个、水平仪1把、冲击钻1个、开孔器若干、割刀1把、弯管器1套、胀管器1套、气焊工具1套、焊条若干、温度计1个、压力表1个、钳形万用表1块、安全带1副、梯子1副、小刀1把、真空泵1台、负压表1个、计时器1个、加氟管1套、肥皂水1瓶、毛刷1个、瓶装制冷剂若干公斤、A4纸若干、文具一套、不同类型的空调器若干		
实训内容	1）会根据空调器使用环境正确选择与之相适应的空调器 2）会对新的空调器进行安装 3）会对旧的空调器进行移机		
成员分工	（注：描述成员工作分工及工作职责）		
空调器的选择	（注：反复练习空调器的选择，并将计算全过程记录在A4纸上，然后再将A4纸粘贴在此处）		
新的空调器的安装	（注：各成员通过对不同品牌空调器维修服务站的走访，将收集到的空调器安装过程写在A4纸上，然后再粘贴在此处）		
旧空调器的移机	（注：反复练习空调器移机过程，并将全过程记录在A4纸上，然后再将A4纸粘贴在此处）		
小组自评	年　月　日		
教师评语	签名：　　　　年　月　日		

单元八

空调器故障检修流程

【内容构架】

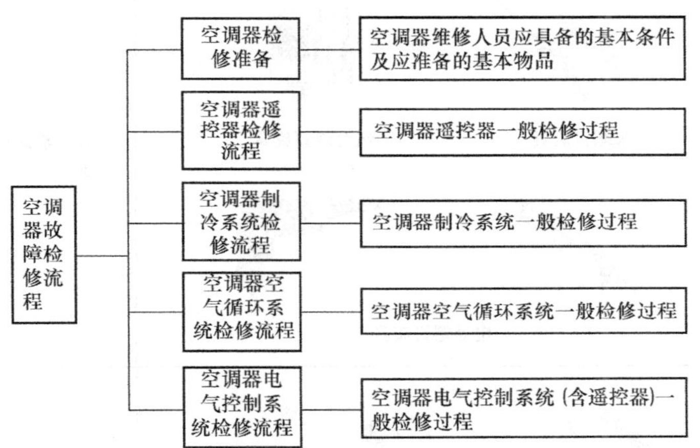

【学习引导】

目的与要求

1）掌握空调器检修前，维修人员应该具备的基本条件及准备的基本物品。

2）熟悉空调器制冷系统、空气循环系统、电气控制系统的一般检修流程及实施方法。

重点与难点

重点：维修人员的物品准备，空调器检修流程。

难点：空调器检修流程。

课题一　空调器检修准备

检修空调器前的准备工作，除了维修人员应该具备应有的职业道德、专业知识及技能外，还应该准备表8-1中必备的工具、设备和仪表。

表 8-1　工具及设备

物品名称	示意图	说明
扳手	 活扳手 　呆扳手 　梅花扳手  两用扳手 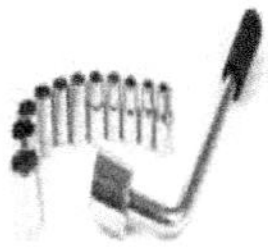　套筒扳手 　内六角扳手	用于螺钉和螺母的拧紧或拧开
螺钉旋具	 长螺钉旋具 　组合螺钉旋具   电动螺钉旋具	用于紧固或松动各种圆头或平头的螺钉
钳子	 斜口钳 　尖嘴钳 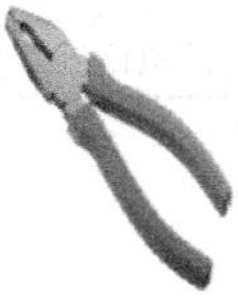　台虎钳	用于夹持、弯制或剪断各种较细的导线
毛刷	  	用于清扫灰尘或在清洗空调器时用它蘸洗涤剂与水等
裁纸刀	 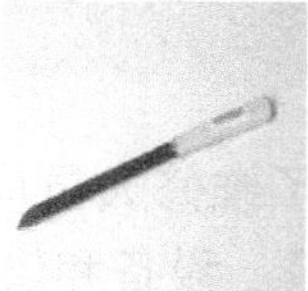	主要用于切除多余的薄塑料管等

（续）

物品名称	示意图	说　明
锤子		用于对膨胀螺栓等的敲打
冲击钻		主要用于在坚固的混凝土、砖墙、石材等表面钻孔
空心钻		用于室内机组和室外机组的连接管路穿墙打孔
割管刀		用于切割铜管
扩管器		用于对切割的铜管口进行扩口
三通维修阀		用于连接空调器的制冷系统，并对维修设备起切换作用
加液管		用于加注制冷剂或抽真空
真空泵		用于对制冷系统进行抽真空
水平尺		用于调试室内、室外机组的水平

（续）

物品名称	示意图	说明
卷尺		用于测量安装尺寸
气焊设备		用于制冷系统铜管管路的焊接与拆卸
电烙铁	烙铁　焊台	用于导线或控制板元器件的拆或焊
安全带		为安装和维修人员在高空作业时提供必要的人身安全保障
绳索		用于在高空作业时，固定并移动室外机组用
制冷剂瓶		用于储存制冷剂
黑胶布		用于导线连接后的绝缘恢复
铜焊条	焊条　焊粉	用于铜管管路之间的焊接
铜焊条助焊剂		在焊接工艺中，主要用于去除焊接物品中的氧化物与降低被焊接材质的表面张力

（续）

物品名称	示意图	说明
焊锡丝		用于将元器件引脚焊接在控制板的焊盘上
助焊剂	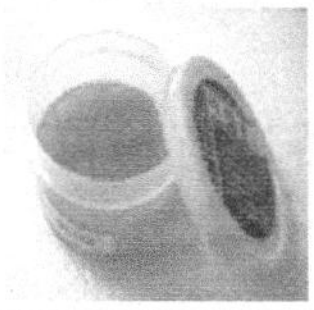 	在焊接工艺中，通常使用焊锡膏和松香去除焊接物品中的氧化物与降低被焊接材质的表面张力
万用表	  指针式 数字式	用于测量电阻值、电压值、电流值
钳形表		用于测量导线中的电流
压力表	 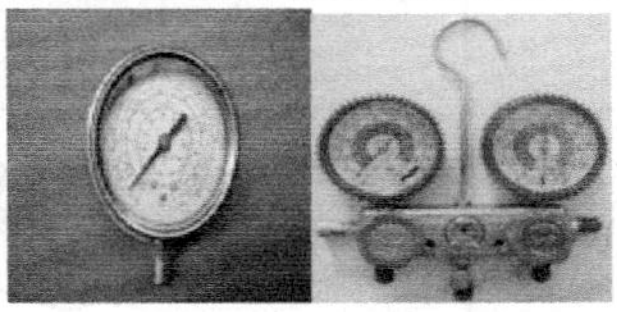 压力表 复合压力表	用于测量气体的压力
兆欧表	  数字式 机械式	用于测量压缩机、风扇电动机的绝缘电阻，以防发生漏电事故
试电笔	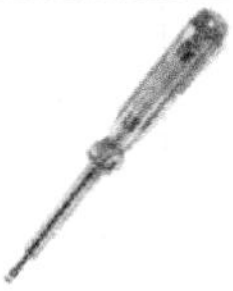 	用于检测相线、零线
检漏仪		用于检测制冷系统的泄漏部位
温度计	 	用于检测室内机组出风口、压缩机表面、热交换器表面温度

课题二 空调器遥控器检修流程

现在所有的空调器都配有遥控器。遥控器是一种用来远程控制空调器的装置，主要由微处理器控制电路、显示电路、信号发射电路、键盘信号输入电路及电源电路组成。当它出现问题后，空调器将失去遥控控制作用，为用户带来不便。

当空调器遥控器出现问题后，一般都需要对遥控器进行检修，其检修流程如图 8-1 所示。

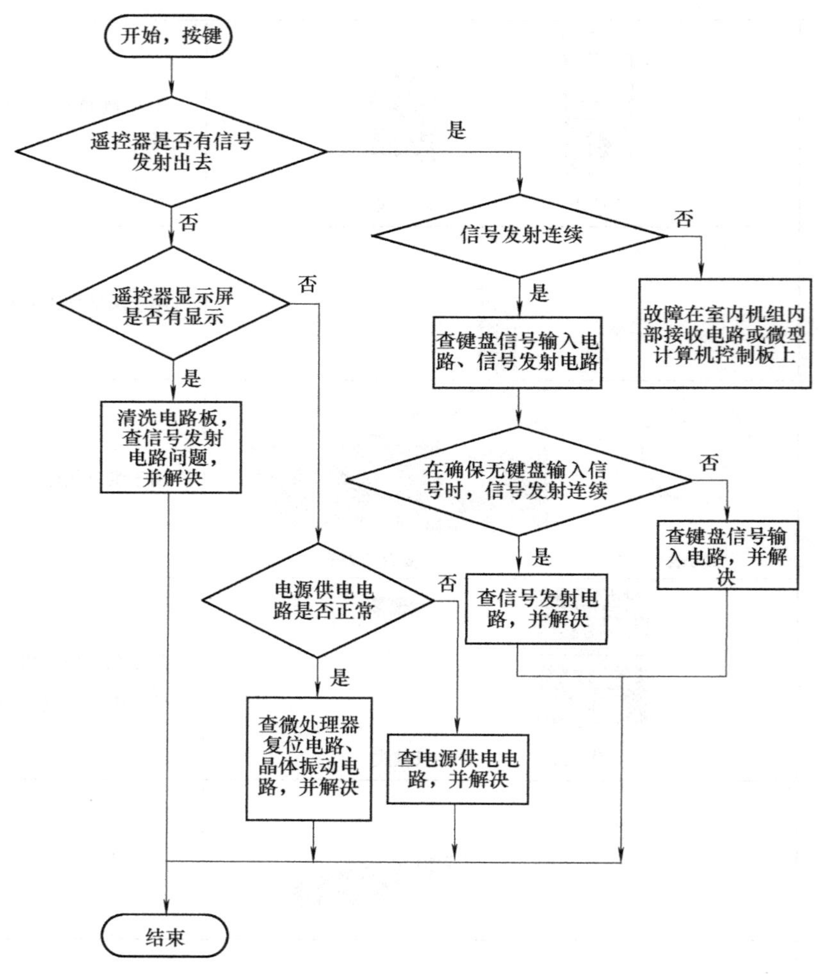

图 8-1 空调器遥控器的检修流程

课题三 空调器制冷系统检修流程

图 8-2 所示为空调器单制冷型制冷循环系统和热泵型制冷循环系统。

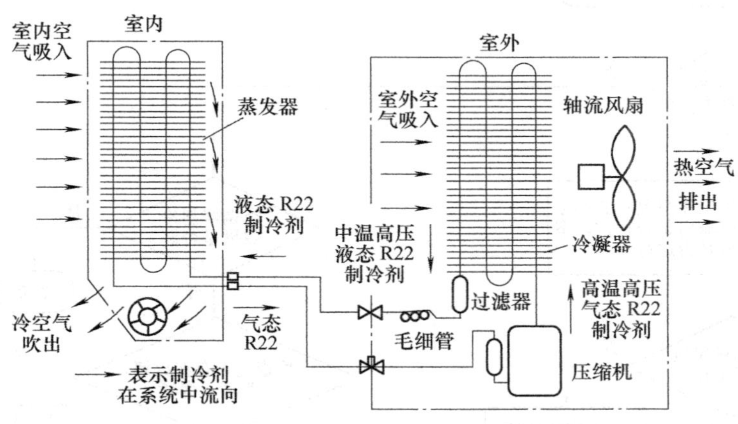

a) 单制冷型

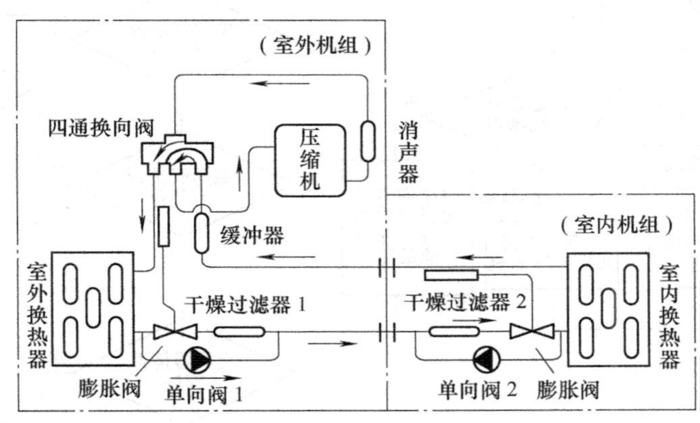

b) 热泵型

图 8-2　空调器单制冷型制冷循环系统和热泵型制冷循环系统

在图 8-2 中，在制冷循环系统中涉及的电控元件除了采用压缩机和电磁四通阀外，有时还会采用电磁双通阀和电磁膨胀阀。只有制冷系统中所有的电控元件都正常工作，才能保证空调器制冷系统的正常运行。因此，在空调器制冷系统的检修过程中，往往还要考虑各种电控元件的完好性。图 8-3 所示为空调器制冷系统的一般检修流程。

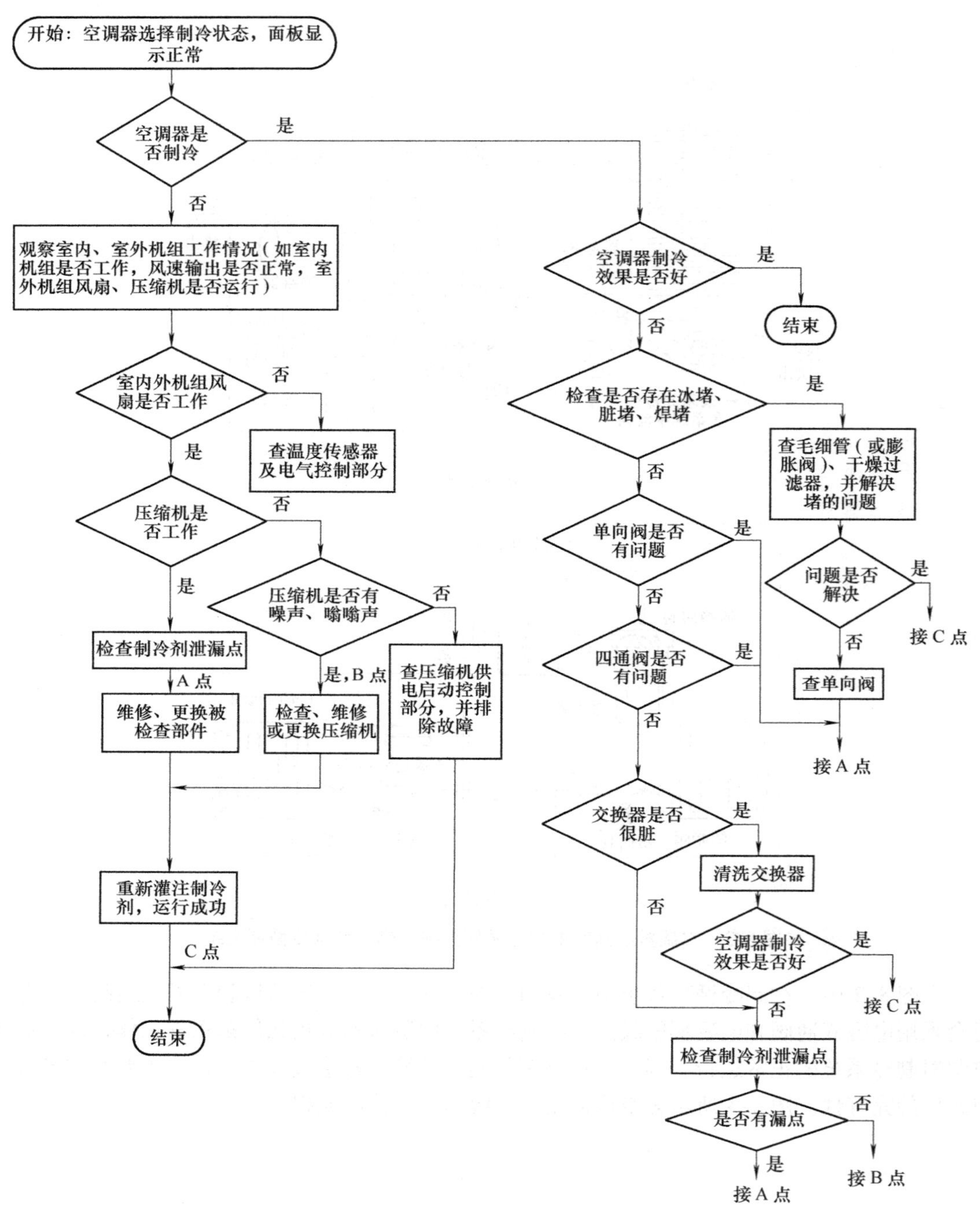

图 8-3　空调器制冷系统的一般检修流程

课题四　空调器空气循环系统检修流程

空调器除了制冷系统和电气控制系统，还有空气循环系统。空气循环系统分为室内空气循环系统、室外空气循环系统和新风循环系统。不同的空气循环系统组成不同，检修流程也不同。

图 8-4 所示为分体式空调器挂机和柜机室内机组风扇结构图。图 8-5 所示为室内空气循环系统的一般检修流程。

图 8-6 所示为空调器室外机组风扇示意图。图 8-7 所示为室外空气循环系统的一般检修流程。

空调器新风循环系统由风机、进风口、排风口及各种管道和接头组成。图 8-8 所示为空调器新风循环系统连接示意图。图 8-9 所示为新风循环系统的一般检修流程。

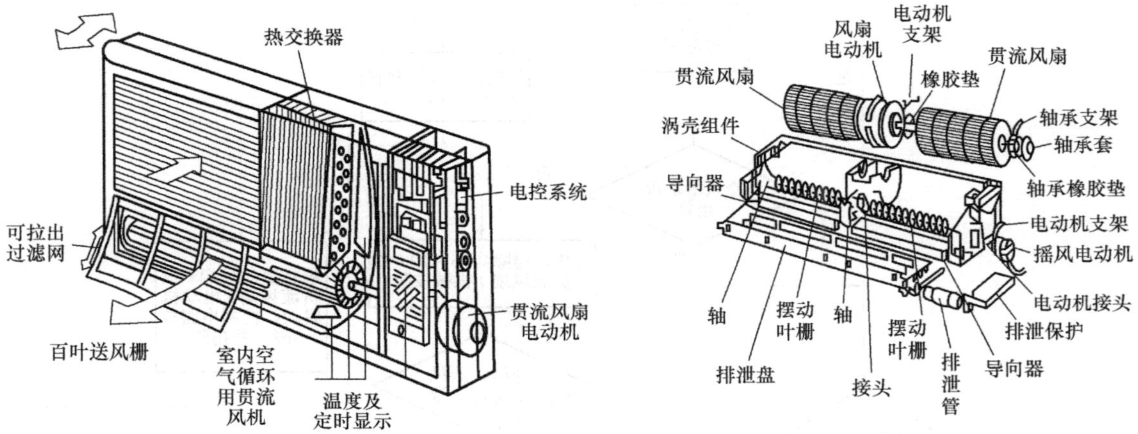

a) 挂机

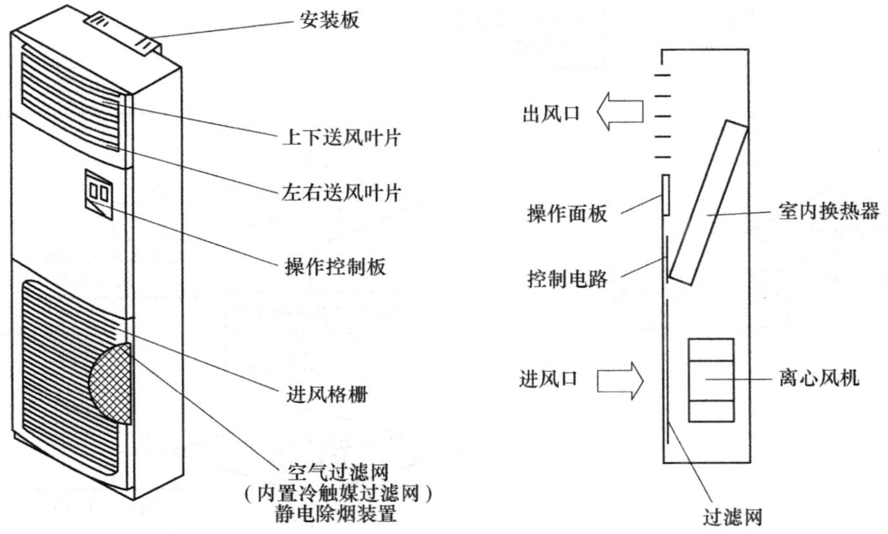

b) 柜机

图 8-4　分体式空调器挂机和柜机室内机组风扇结构图

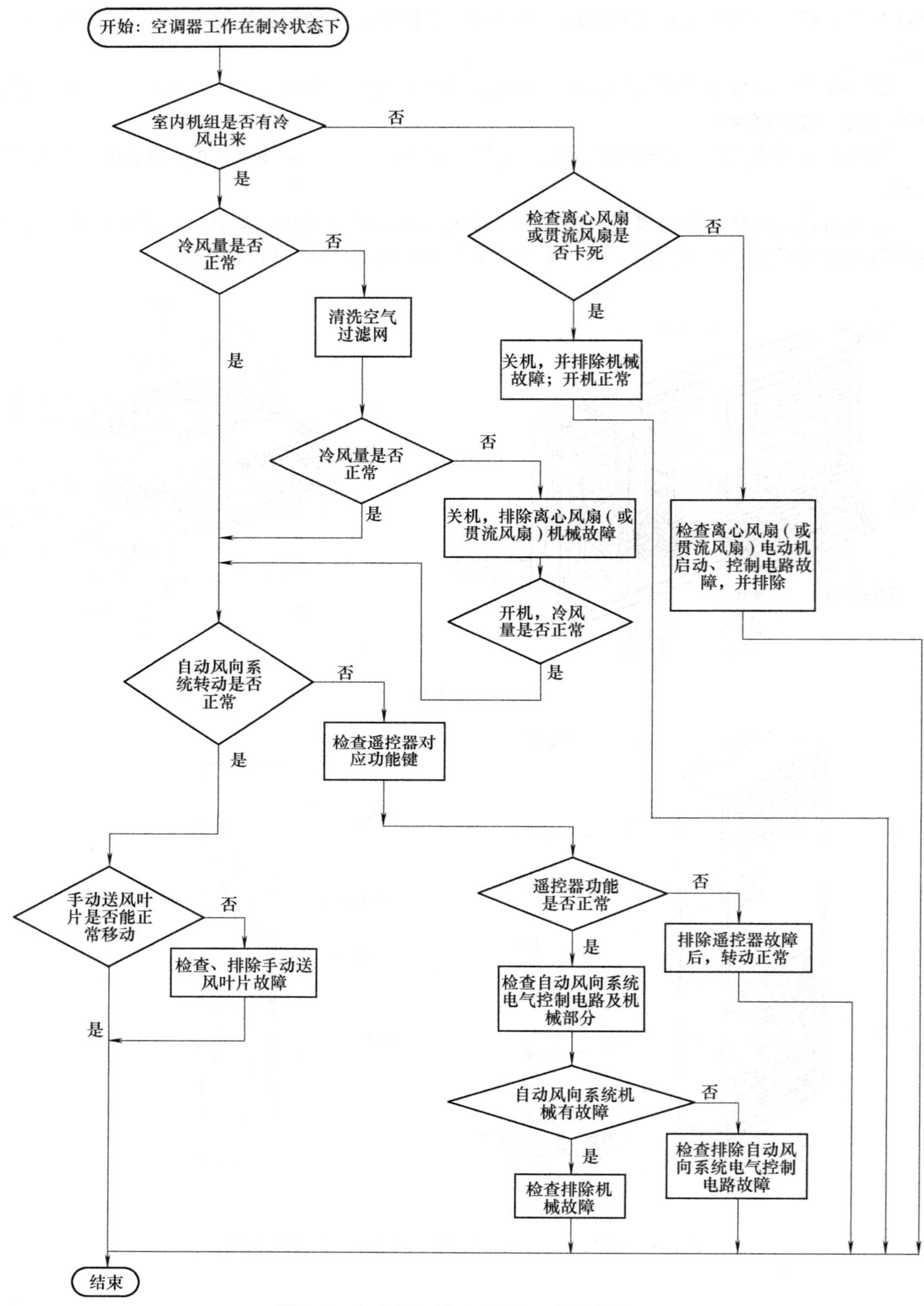

图 8-5　室内空气循环系统的一般检修流程

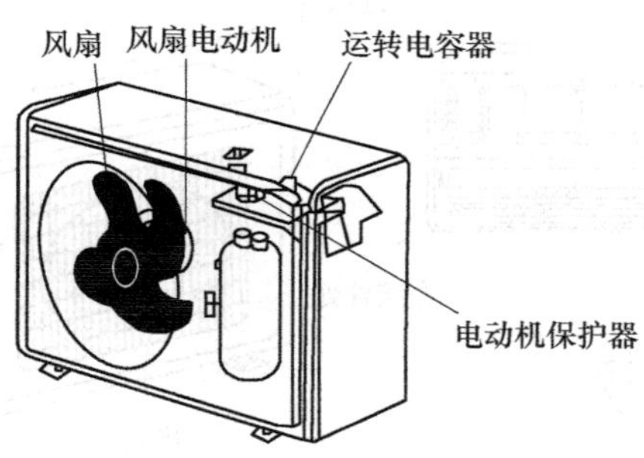

图 8-6　空调器室外机组风扇示意图

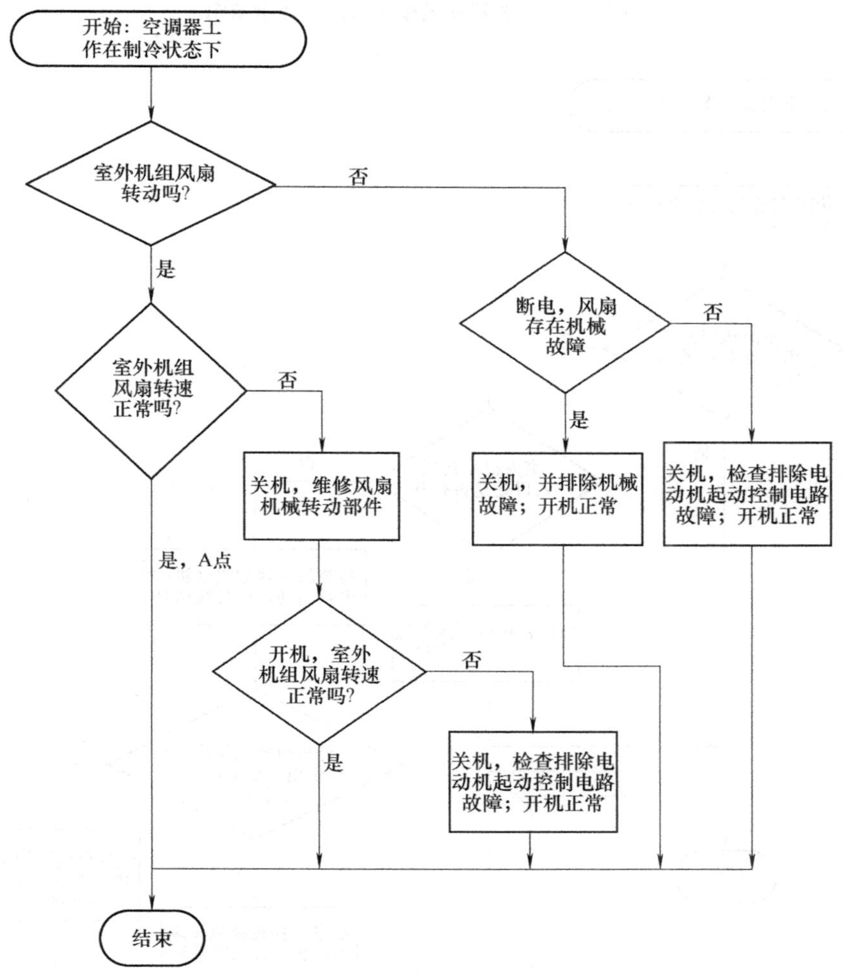

图 8-7　室外空气循环系统的一般检修流程

新风出
风接头
右接管处
新风管
排水管
左接管处
进风口
连接管及
电气接线
换新风盒
换新风管
换新风
信号线
排风管
出风口
a) 室内机组新风管连接
b) 室外机组新风管连接

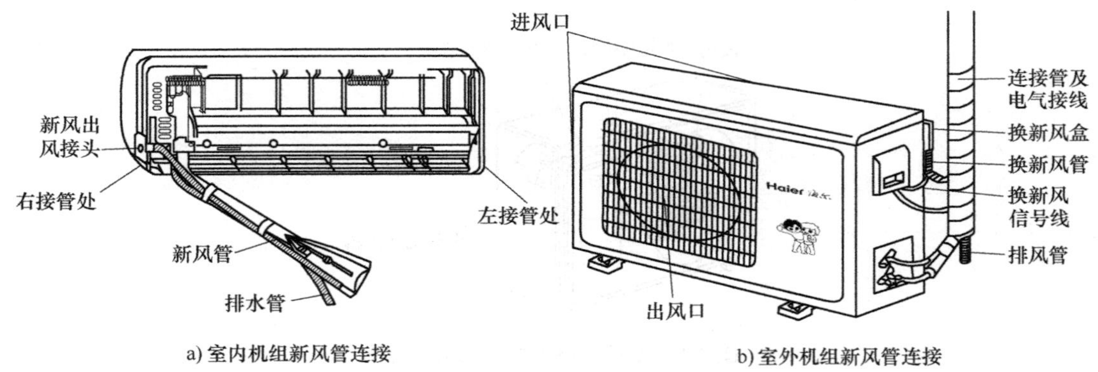

图 8-8　空调器新风循环系统连接示意图

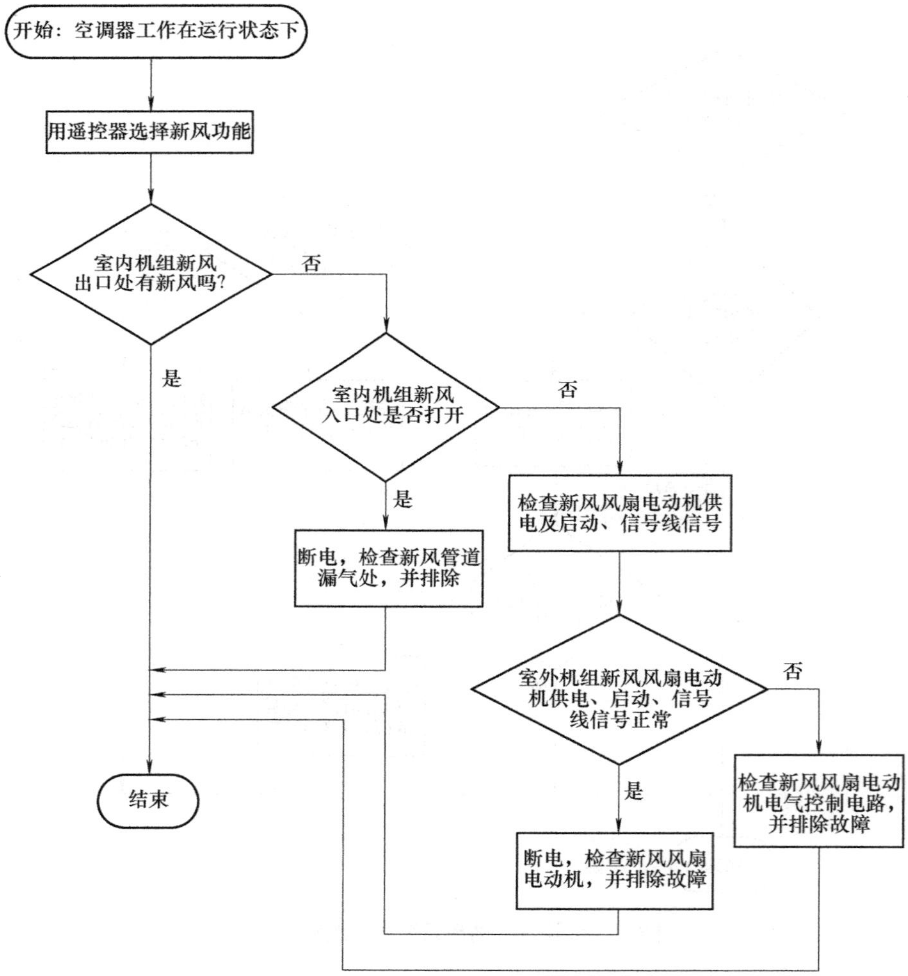

开始：空调器工作在运行状态下
用遥控器选择新风功能
室内机组新风
出口处有新风吗?
否
是
室内机组新风
入口处是否打开
否
是
检查新风风扇电动机供
电及启动、信号线信号
断电，检查新风管道
漏气处，并排除
室外机组新风风扇电动
机供电、启动、信号
线信号正常
否
是
检查新风风扇电动
机电气控制电路，
并排除故障
断电，检查新风风扇
电动机，并排除故障
结束

图 8-9　新风循环系统的一般检修流程

课题五　空调器电气控制系统检修流程

空调器电气控制系统主要由电源电路、遥控接收电路、温度检测电路、微处理器、驱动电路、负载、显示电路及保护电路等部分组成，其关系结构图如图 8-10 所示。

在图 8-10 中，微处理器由单片机控制电路组成；温度采集电路的核心部件是具有负温度系数的热敏电阻，作为传感器，它具备对室内环境温度、室内热交换器表面温度、室外环境温度、室外热交换器表面温度进行检测的作用；显示电路为输出设备，用于显示空调器各种工作状态；驱动控制电路的作用是接收微处理器输出的控制信号，控制负载选择不同的工作方式；负载由压缩机、室内外风扇电动机、电磁四通换向阀、电加热器、导风电动机等构成。它们共同构成了空调器的电气控制系统，其故障检修流程如图 8-11 所示。

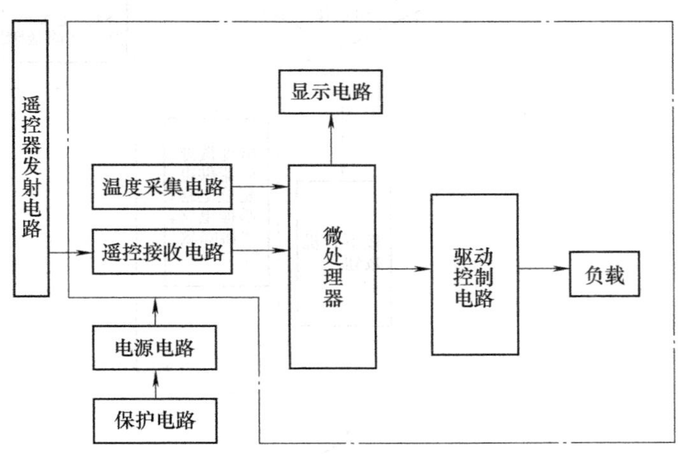

图 8-10　空调器电气控制系统结构示意图

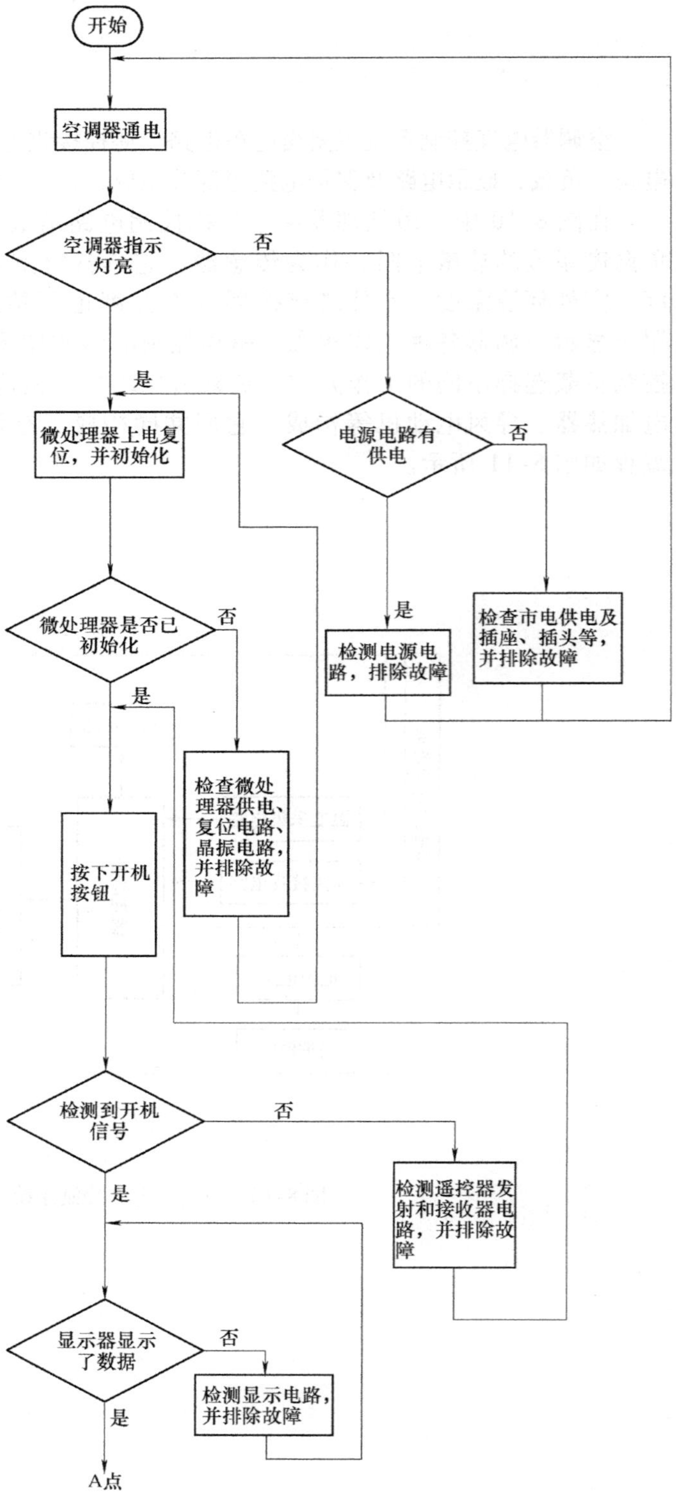

开始
空调器通电
空调器指示灯亮
否
是
电源电路有供电
否
是
检测电源电路，排除故障
检查市电供电及插座、插头等，并排除故障
微处理器上电复位，并初始化
微处理器是否已初始化
否
是
检查微处理器供电、复位电路、晶振电路，并排除故障
按下开机按钮
检测到开机信号
否
是
检测遥控器发射和接收器电路，并排除故障
显示器显示了数据
否
是
检测显示电路，并排除故障
A点

图 8-11　电气控制

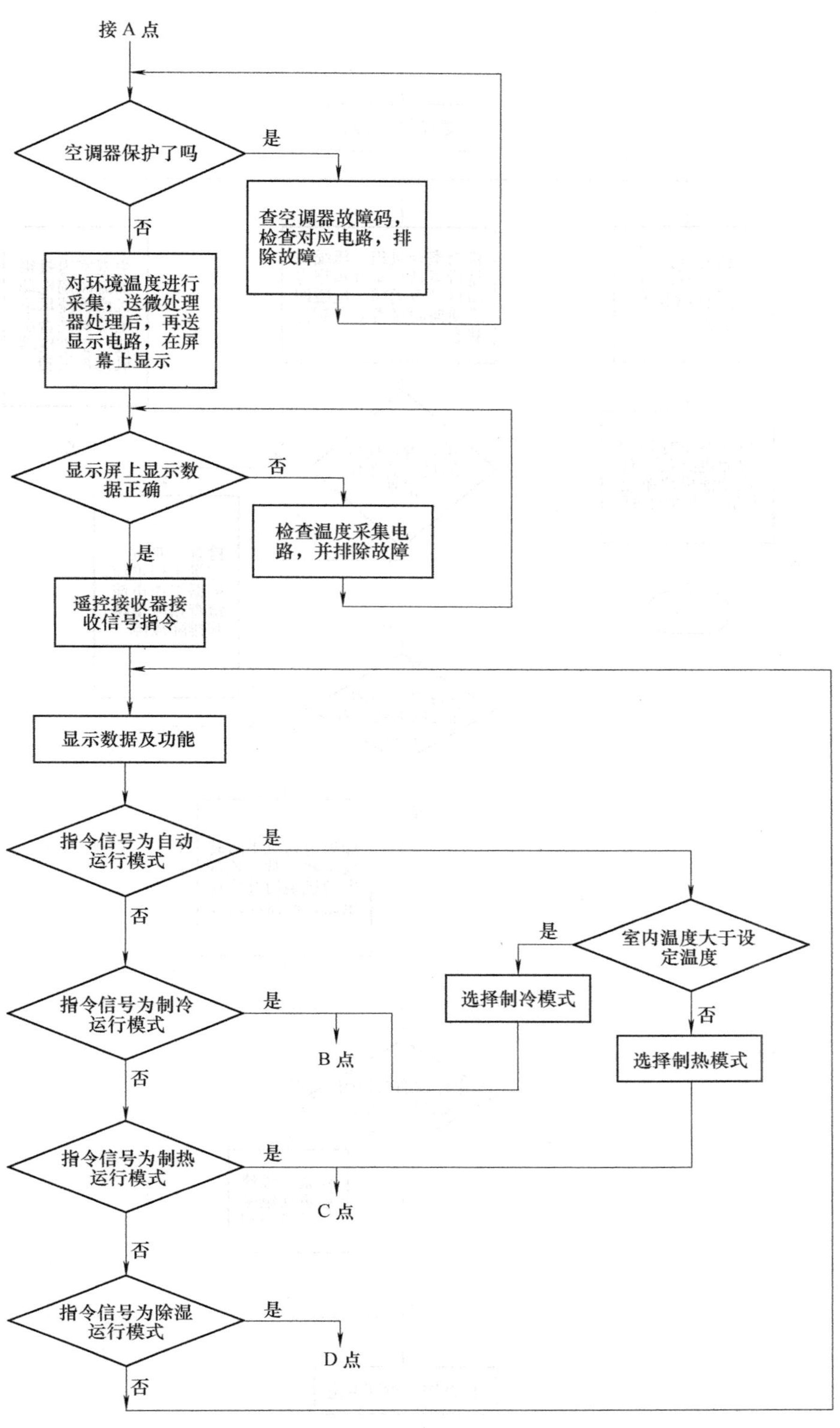
接A点
空调器保护了吗
是
查空调器故障码，检查对应电路，排除故障
否
对环境温度进行采集，送微处理器处理后，再送显示电路，在屏幕上显示
显示屏上显示数据正确
否
检查温度采集电路，并排除故障
是
遥控接收器接收信号指令
显示数据及功能
指令信号为自动运行模式
是
室内温度大于设定温度
是
选择制冷模式
否
选择制热模式
否
指令信号为制冷运行模式
是
B点
否
指令信号为制热运行模式
是
C点
否
指令信号为除湿运行模式
是
D点
否

系统故障检修流程

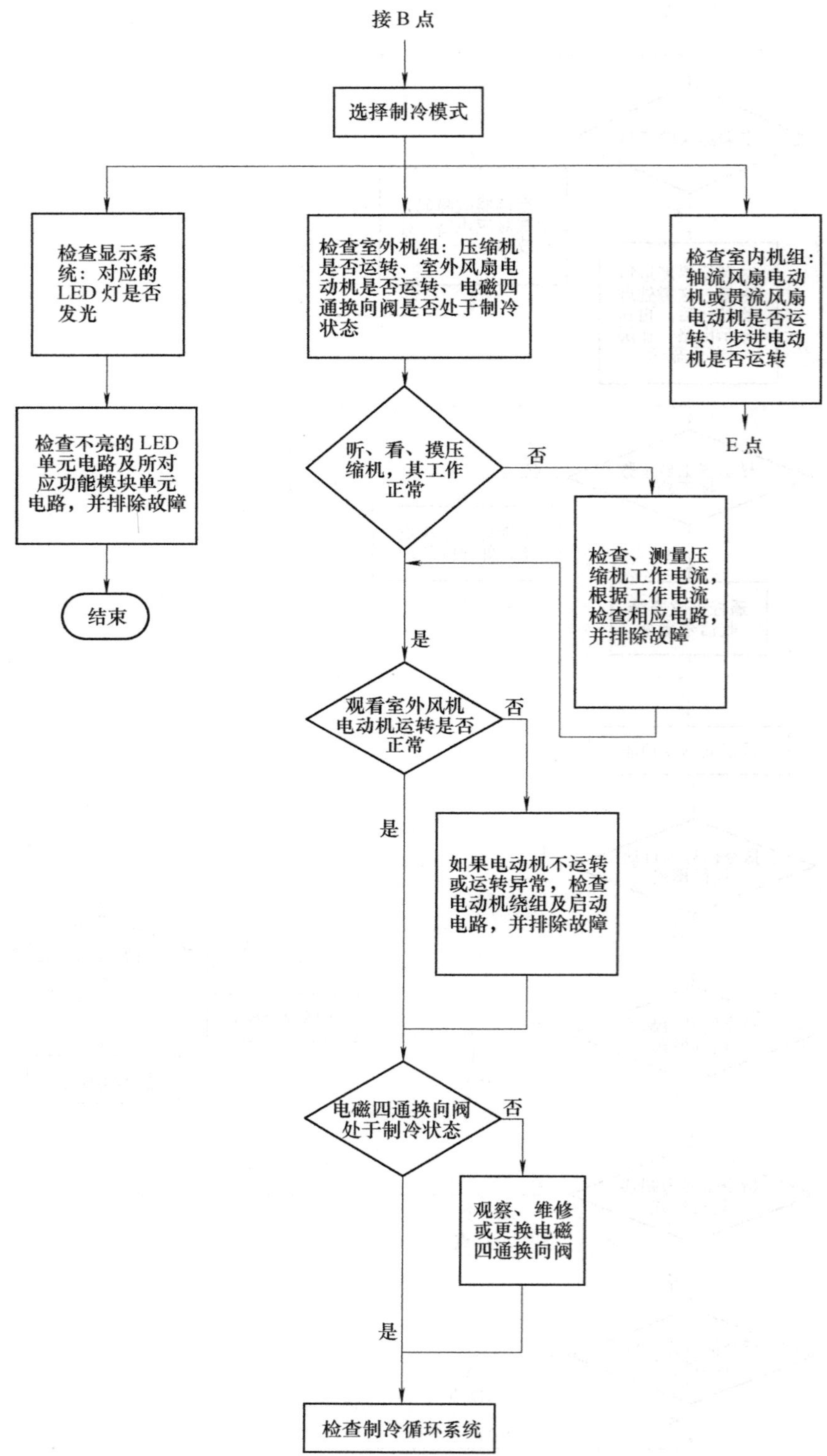
接B点
选择制冷模式
检查显示系统：对应的LED灯是否发光
检查室外机组：压缩机是否运转、室外风扇电动机是否运转、电磁四通换向阀是否处于制冷状态
检查室内机组：轴流风扇电动机或贯流风扇电动机是否运转、步进电动机是否运转
E点
检查不亮的LED单元电路及所对应功能模块单元电路，并排除故障
结束
听、看、摸压缩机，其工作正常
否
检查、测量压缩机工作电流，根据工作电流检查相应电路，并排除故障
是
观看室外风机电动机运转是否正常
否
是
如果电动机不运转或运转异常，检查电动机绕组及启动电路，并排除故障
电磁四通换向阀处于制冷状态
否
观察、维修或更换电磁四通换向阀
是
检查制冷循环系统

图8-11　电气控制系统

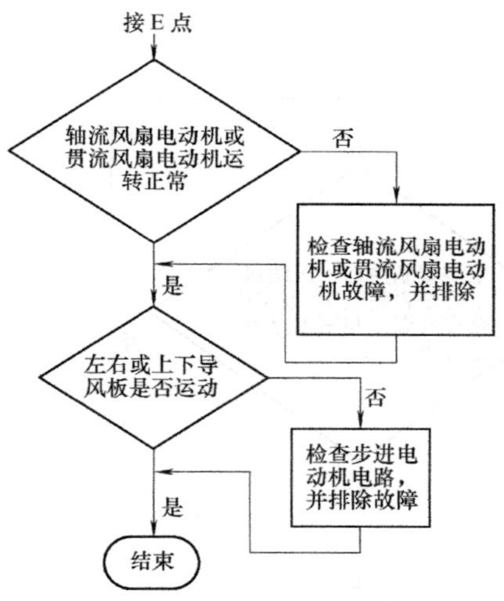
接E点
轴流风扇电动机或贯流风扇电动机运转正常
否
检查轴流风扇电动机或贯流风扇电动机故障，并排除
是
左右或上下导风板是否运动
否
检查步进电动机电路，并排除故障
是
结束

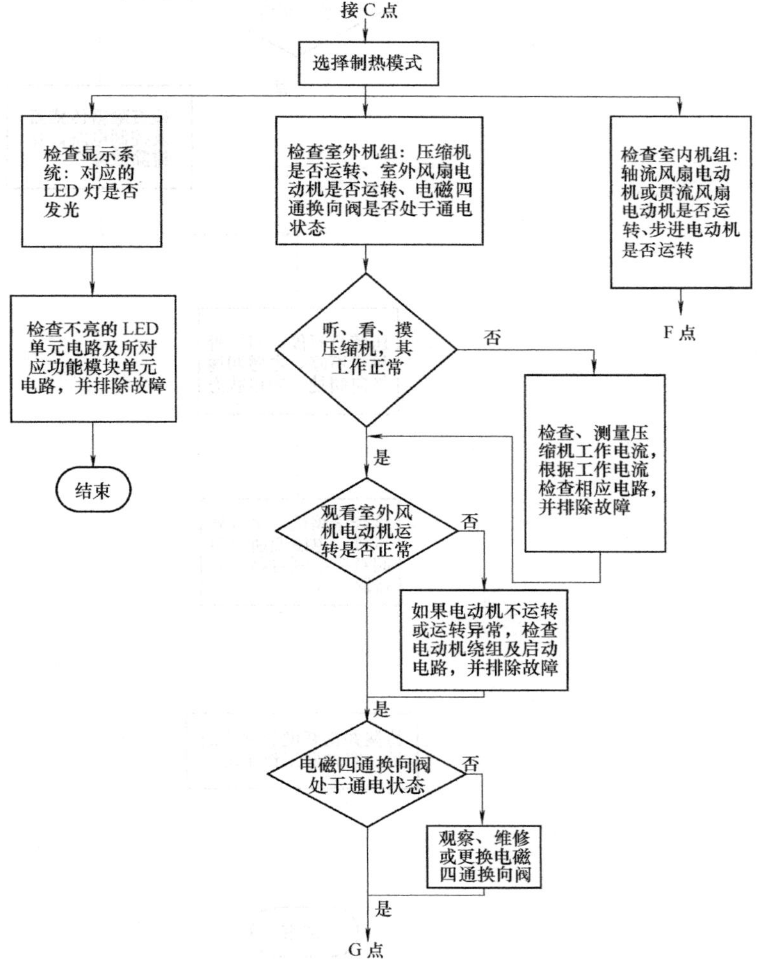
接C点
选择制热模式
检查显示系统：对应的LED灯是否发光
检查室外机组：压缩机是否运转、室外风扇电动机是否运转、电磁四通换向阀是否处于通电状态
检查室内机组：轴流风扇电动机或贯流风扇电动机是否运转、步进电动机是否运转
F点
检查不亮的LED单元电路及所对应功能模块单元电路，并排除故障
结束
听、看、摸压缩机，其工作正常
否
检查、测量压缩机工作电流，根据工作电流检查相应电路，并排除故障
是
观看室外风机电动机运转是否正常
否
如果电动机不运转或运转异常，检查电动机绕组及启动电路，并排除故障
是
电磁四通换向阀处于通电状态
否
观察、维修或更换电磁四通换向阀
是
G点

故障检修流程（续）

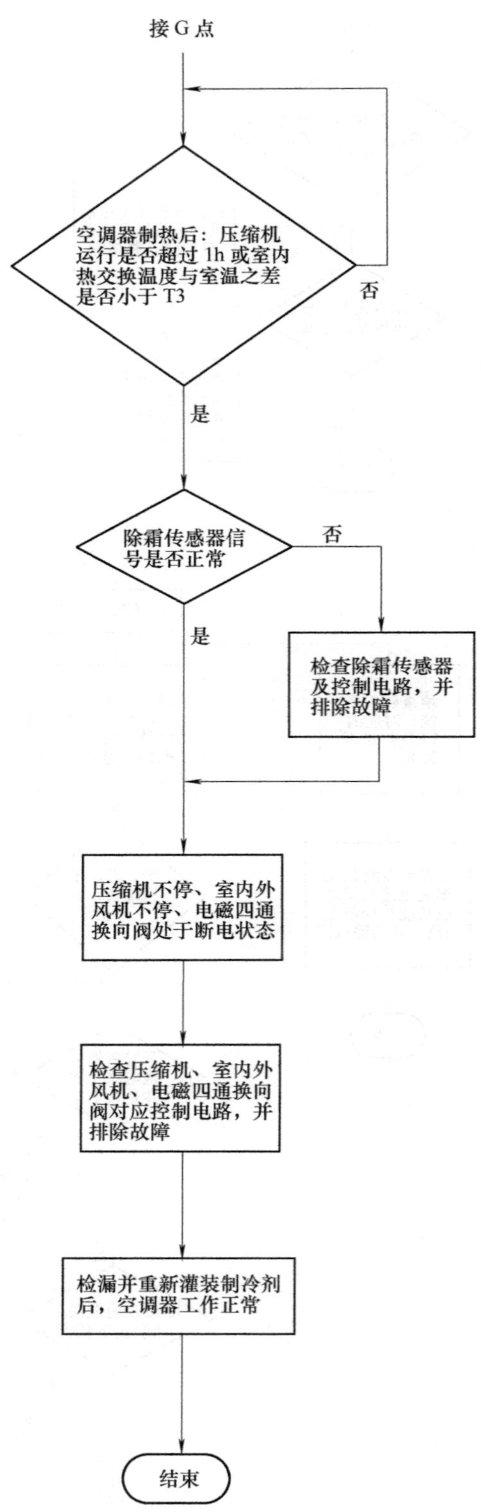
接G点
空调器制热后：压缩机运行是否超过1h或室内热交换温度与室温之差是否小于T3
否
是
除霜传感器信号是否正常
否
检查除霜传感器及控制电路，并排除故障
是
压缩机不停、室内外风机不停、电磁四通换向阀处于断电状态
检查压缩机、室内外风机、电磁四通换向阀对应控制电路，并排除故障
检漏并重新灌装制冷剂后，空调器工作正常
结束

图8-11　电气控制系统

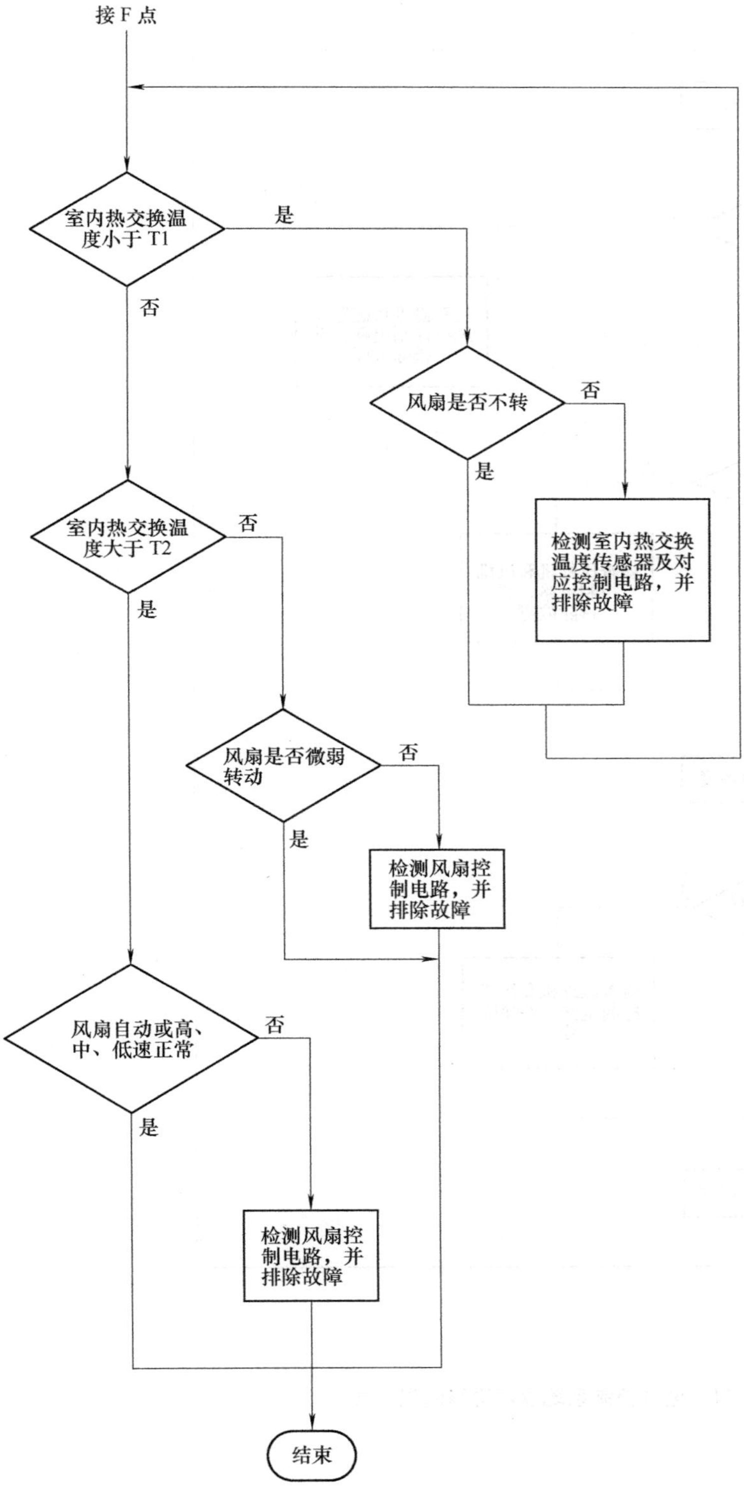

接F点

室内热交换温度小于T1

是

否

风扇是否不转

否

是

检测室内热交换温度传感器及对应控制电路，并排除故障

室内热交换温度大于T2

否

是

风扇是否微弱转动

否

是

检测风扇控制电路，并排除故障

风扇自动或高、中、低速正常

否

是

检测风扇控制电路，并排除故障

结束

故障检修流程（续）

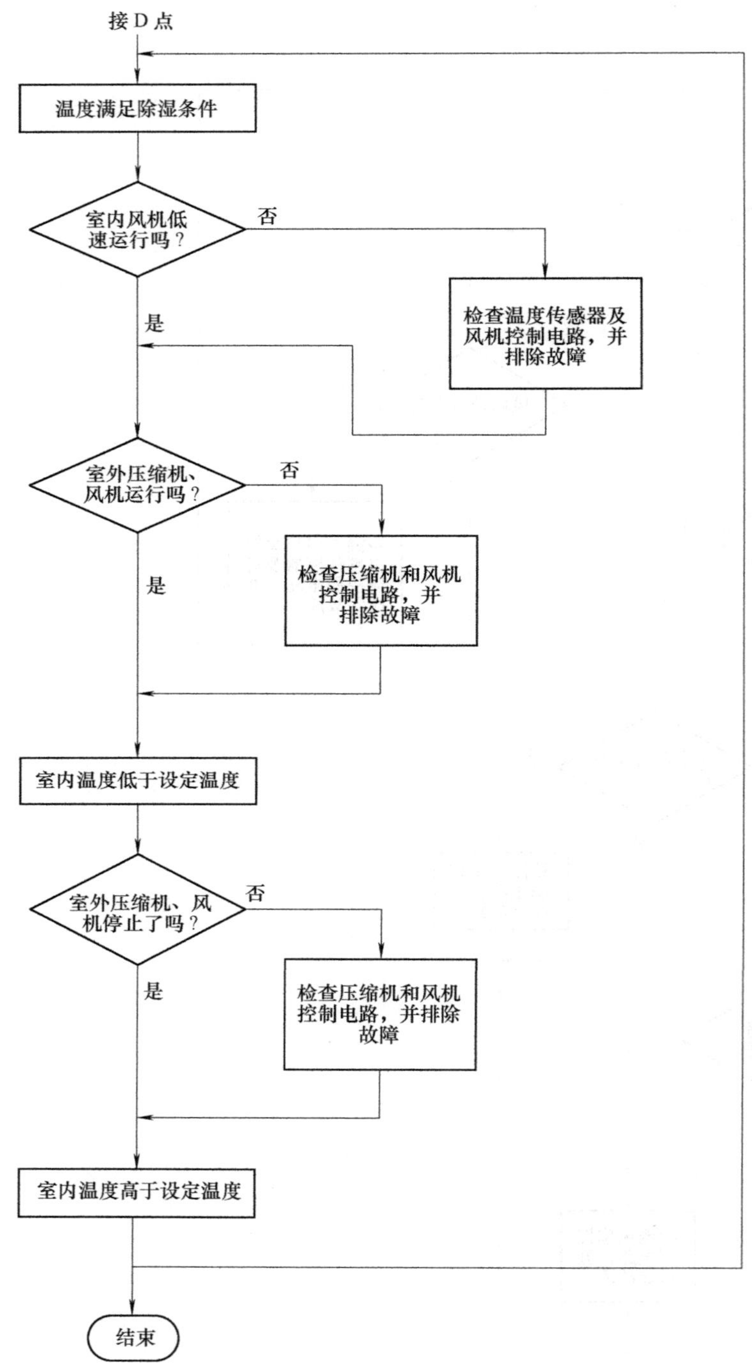

图8-11　电气控制系统故障检修流程（续）

习题练习

一、填空题

1. 空调器检修流程一般可以分为________、________、________、________。

2. 检修空调器前应该准备____________________。

3. 空调器需要检修的主要组成部分有________、________、________、________、________、________和________。

二、实践题

1. 熟记空调器一般检修流程。

2. 走访一家空调器维修店，了解对应某品牌空调器独立故障的维修过程。再结合自己的学习，编写一个故障检修表。

综合实训与考核　认识空调器的检修流程

小组名称		小组组长	
小组成员			
实训目的	在安全文明活动条件下，掌握空调器的检修流程		
实训器材	组合工具 1 套、台虎钳 1 把、肥皂水 1 瓶、毛刷 1 个、活扳手 2 把、内六角扳手 1 套、试电笔 1 个、温度计 1 个、钳形万用表 1 块、兆欧表 1 块、压力表 1 块、安全带 1 副、绳索若干米、梯子 1 副、A4 纸若干、文具一套、不同类型的空调器若干		
实训内容	会根据空调器所呈现的故障现象，利用空调器检修流程来判断出空调器的故障点或故障部件		
成员分工	（注：描述成员工作分工及工作职责）		
空调器制冷系统检修	（注：根据空调器制冷故障现象，将检测、分析、判断的全过程记录在 A4 纸上，然后再将 A4 纸粘在此处）		
空调器空气循环系统检修	（注：根据空调器空气循环系统故障现象，将检测、分析、判断的全过程记录在 A4 纸上，然后再将 A4 纸粘贴在此处）		
空调器电气控制系统检修	（注：各成员通过对不同品牌空调器维修服务站的走访，将收集到的空调器电气控制系统检修流程写在 A4 纸上，然后再粘贴在此处）		
小组自评	年　月　日		
教师评语	签名：　　　　年　月　日		

单元九 空调器制冷系统组件检修

【内容构架】

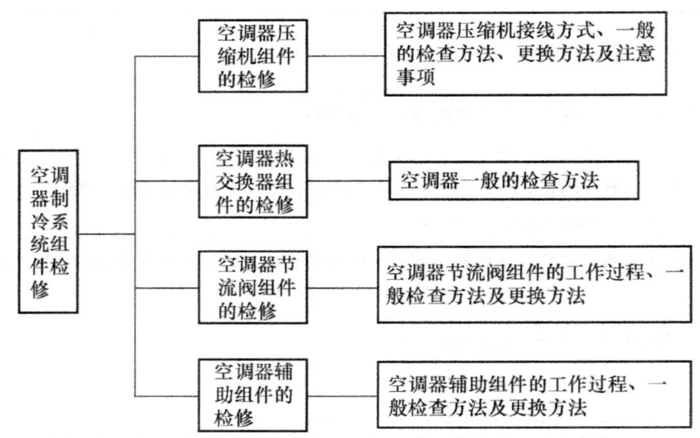

【学习引导】

目的与要求

1）掌握空调器制冷系统组件的一般检查方法。

2）熟悉空调器制冷系统组件的更换方法及注意事项。

重点与难点

重点：空调器制冷系统组件的一般检查方法。

难点：空调器制冷系统组件的更换方法。

课题一 空调器压缩机组件的检修

空调器使用的制冷压缩机是一个非常复杂的器件，在整个制冷系统中具备心脏的地位。其转子式压缩机主要由松下、美芝、海立、LG、三星、瑞智、庆安等公司生产，涡旋式压缩机主要由谷轮、大金、三洋、广州日立等公司生产，活塞式压缩机主要由LG、布里斯托、泰康等公司生产。我国家用空调器压缩机大多为转子式压缩机，其结构如图9-1所示，工作

过程由内部的电动机带动机械传动机构完成。空调器的供电方式，即是单相供电还是三相供电决定了压缩机内部电动机的供电连接方式。

一、压缩机供电接线方式

1. 单相供电式压缩机接线方式

单相供电式压缩机由220V交流电供电，采用电容启动方式控制压缩机运行，其电源供电电路原理图如图9-2所示。

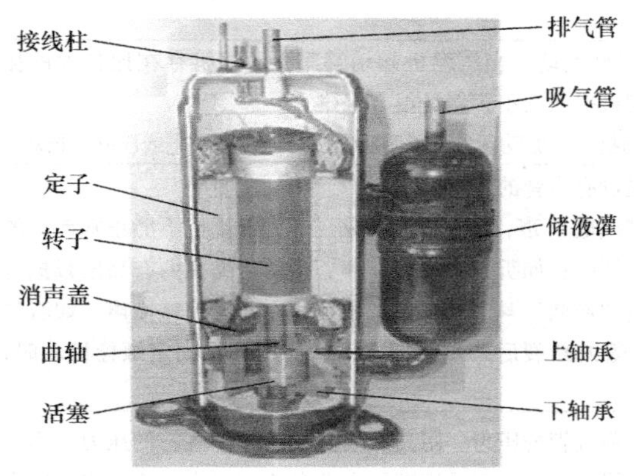

图9-1　转子式压缩机结构

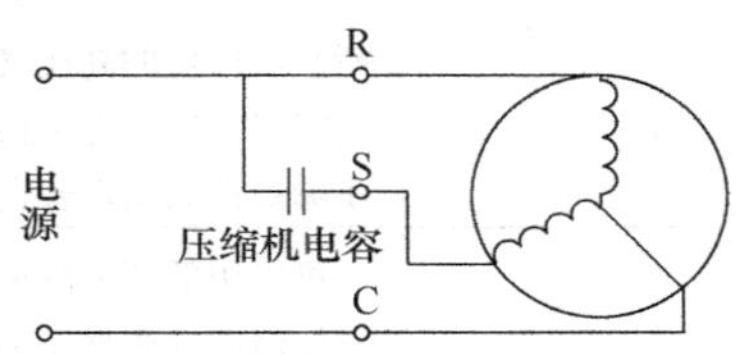

图9-2　单相供电式压缩机供电电路原理图

与之对应的是在压缩机外壳有三个接线端，分别为C、R、S，它们与外接电源的连接见表9-1。

表9-1　单相供电式压缩机接线方式

序　　号	压缩机接线端子	接 线 方 式
1	公共端C	过保护器接电源零线
2	运行端R	接压缩机电容，并且与电源相线直接相连
3	启动端S	接压缩机电容，并且通过电容与电源相线相连

2. 三相供电式压缩机接线方式

三相供电式压缩机外接380V三相交流电，其电路原理图如图9-3所示。三相电源L1、L2、L3经交流接触器主触点后，接到压缩机外壳对应的接线端子U、V、W上，从而为压缩机供电。在外接三相交流电中，严格按照接线相序进行接线，切不可接错，否则影响压缩机正常工作。

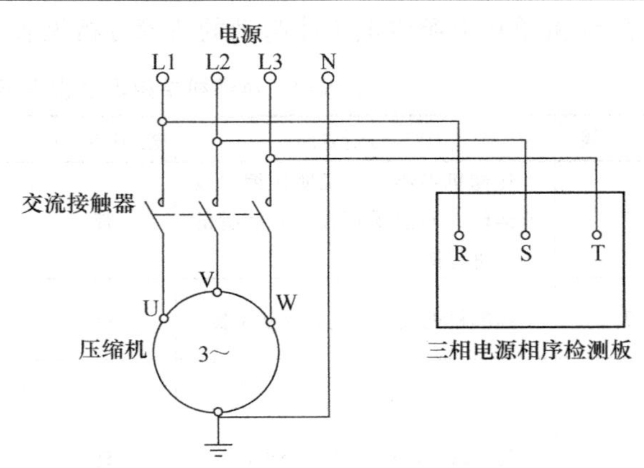

图9-3　三相供电式压缩机供电电路原理图

二、压缩机的一般检查方法

一般情况下，当压缩机因为各种

因素导致不能运行或运行异常，检查人员都会按照表 9-2 所示的步骤进行检查。

表 9-2　压缩机的一般检查方法

步　骤	检查方法	检测说明
1	摸	摸压缩机的低压回气管和高压排气管表面温度。正常时，低压回气管表面比较冷，高压排气管表面比较热。如果环境温度较低，低压回气管表面会有凝露水。如果环境温度较高，手摸高压排气管时应感到比较热，夏天时还烫手 例如：当低压回气管不结露，而高压排气管又比较烫，压缩机外壳也很热时，很可能是压缩机制冷剂不足；如果压缩机的回气管上全部结露，并结到压缩机外壳的一半或全部，说明制冷剂过多
2	看	观看压缩机在工作工程中有无明显振动。当压缩机起动瞬间，压缩机存在比较大的振动；当压缩机进入工作环节，压缩机振动很小，但是很有规律 例如：如果很长时间也看不出压缩机具有振动现象，说明压缩机可能没有供电或压缩机损坏
3	听	压缩机在正常运行期间基本上是没有声音的 例如：当压缩机运转时，听到"嗡嗡"声，应立即判明是压缩机电动机不能正常起动的声音，此时应立即关掉电源，查找原因；如听到"嘶嘶"声，说明压缩机内有高压减振管断裂后产生的高压气流声；如听到"嗒嗒"声，说明压缩机内部有金属的碰撞声；如听到"铛铛"声，说明压缩机内吊簧脱落或断裂后产生的撞击声。当压缩机固定螺栓松动时，压缩机振动的声音比较大
4	查	可以用低压表测量压缩机的低压回气管的压力，用高压表测量高压排气管的压力，用半导体温度计测量压缩机的温度，用钳形电流表测量压缩机启动电流和工作电流，用万用表测量压缩机供电电压、断电后的绝缘电阻，用卤素检漏灯或电子检漏仪检查制冷剂有无泄漏等。通过对上述仪器仪表测量的数据分析，可以判断出压缩机工作的好坏状况 例如：当周围环境温度在 30℃左右时（空调制冷状况下），低压表的压力（表压）在 0.4MPa 以下，则表明制冷剂不足或有泄漏。高压表的压力（表压）正常值应在 2MPa 左右，过高或过低都说明有异常。若温度计测量的温度过高，说明压缩机负载过重。若钳形电流表测量的启动电流过大，说明制冷剂过多或压缩机电动机起动时有一定的阻力等

三、压缩机工作案例分析

故障现象：压缩机单相电源供电不能起动。

压缩机单相电源供电不能起动的故障分析见表 9-3。

表 9-3　压缩机单相电源供电不能起动的故障分析

步　骤	故障分析方向	检查方法	检测说明
1	压缩机不起动，说明压缩机没有运转，不能采用摸、看、听的方式进行检查	查	确定采用万用表进行测量、判断
2	压缩机电气连线是否接触不良	查	断电后，用万用表检查电气连线是否正确、有无松脱
3	检测端子间电阻值是否正常	查	断电后，用万用表测量压缩机接线端子柱间 C－R、C－S 间的电阻（常见故障是一、二次绕组接错，导致二次绕组烧坏，阻值下降；当内置过载保护器动作时，电阻值为无穷大；温度高时，电阻值也会上升）

（续）

步　骤	故障分析方向	检查方法	检测说明
4	启动电容器是否损坏	查	断电后，将启动电容器拆下，用万用表的电阻档测量电容器，正常时电容器应该存在充放电现象
5	外置过载保护器是否动作	查	过载保护器正常工作时为导通状态。因此在断电时，可以用万用表电阻档测量过载保护器是否导通来确定过载保护器的好坏

故障现象：压缩机运行时有异常噪声。

当压缩机运行时，产生有规律的、比较低的和有节奏的运动噪声是正常的，若发生异常噪声，就说明压缩机工作不正常，需要及时处理相应故障，否则会造成器件损坏。对于压缩机运行过程中产生的异常噪声的故障分析见表9-4。

表9-4　压缩机运行时有异常噪声的故障分析

步　骤	故障分析方向	检查方法	检测说明
1	压缩机可以运行，但是存在异常的声音，因此常采用听与查的方式进行检查	听与查	根据压缩机故障的一般检测方法，认真听压缩机发出的声音，确定压缩机工作状况；通过仪表检测数据，确定压缩机是否有故障
2	压缩机内部是否有金属撞击声	听	听压缩机内部声音，如果发生金属击撞阀片声，说明系统内有杂质或铜屑，需要更换压缩机
3	压缩机中充足的制冷剂是否过多，还是压缩机气缸是否有油进入	听	听压缩机内部声音，如果听到液体对气阀阀门的冲击声的同时伴随有振动，可能是压缩机制冷剂过多或有润滑油进入气缸。可以在将制冷剂放掉一些的同时，倾听压缩机内部声音。如果声音变小，甚至正常，说明添加的制冷剂过多；反之，说明压缩机内部气缸有润滑油进入，需要更换压缩机或增加一个气液分离器
4	膨胀阀是否开启过大	查	用压力表测量压缩机进气端（吸气端）。如果测量的压力高于正常值，说明膨胀阀阀门开启过大，需要往小处进行调整，并调整到一个合适的位置
5	压缩机内部电动机是否过载运行	查	用钳形表测量压缩机起动和正常运行时的电流。如果测量电流过大，说明压缩机制冷剂添加过多或压缩机内部电动机存在局部短路现象。将制冷剂放掉一些的同时，观察钳形表数据。如果钳形表数据下降，说明是制冷剂添加过多；否则，说明压缩机内部电动机有故障，需要更换压缩机

四、更换压缩机时的注意事项

当压缩机出现故障后，最好的方式就是选择同型号的压缩机进行更换。如果没有同型号的压缩机更换，也需要寻找主要参数相近或相同的压缩机代换。在更换压缩机时，应按照表9-5的要求进行更换。

表 9-5　更换压缩机时的注意事项

步　骤	名　称	操作样图	说　明
1	压缩机搬运		一只手托住储液器下部，将压缩机倾斜，另一只手放在主壳体上，承托大部分重量。切忌将压缩机平放、倒置；将储液器承托压缩机重量；手握吸、排气管将压缩机提起
2	拔胶塞顺序	—	先拔排气管上的胶塞，再拔吸气管上的胶塞。如果操作相反，聚集在储液器滤网上的冷冻机油将随氮气喷出，由于有一定的压力这样对当事人是很危险的
3	压缩机地脚固定		压缩机脚垫与压缩机地脚固定螺母之间要保证一定的间隙，不要拧得过紧，该间隙一般要求在0.5～2mm范围内。否则，压缩机本身的振动容易通过地脚螺栓传递到底盘引起系统的振动大
4	管口的焊接	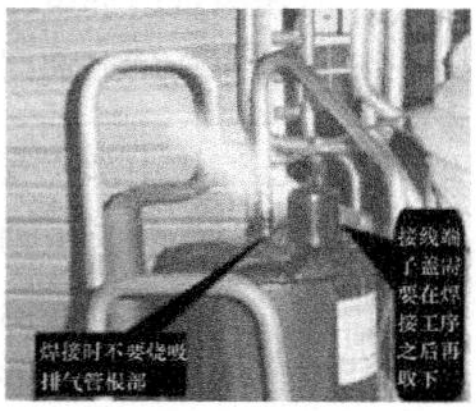	在进行压缩机管口焊接过程中，应注意不要让火焰烧到吸气管、排气管的根部
5	焊接完成后对焊点检漏	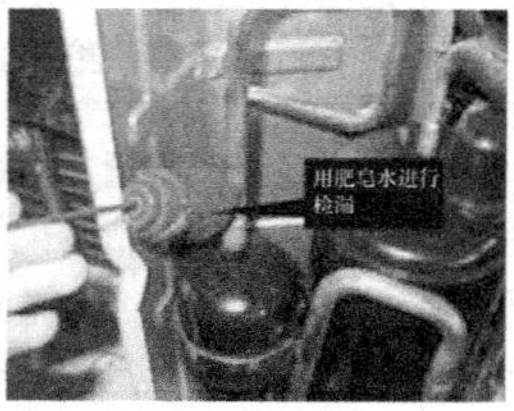	对焊接点用肥皂水进行检漏
6	按照装配要求对电源线进行固定		对焊接铜管进行保温包扎；正确连接压缩机与外界的供电线路，压缩机能够正常工作

五、维修压缩机注意事项

对更换下来的故障压缩机，如果还存在修好的可能，可以考虑对压缩机进行维修。其维修注意事项见表 9-6。

表 9-6 维修压缩机注意事项

序　号	维修规范	安全隐患
1	严禁使用焊枪割管，应使用割管器切割压缩机铜管	使用焊枪可能引起火灾，容易产生氧化皮，堵塞系统
2	必须在系统制冷剂（冷媒）完全排空才可以更换压缩机	可能引起冻伤事故；压缩机油大量喷出，容易引起事故
3	绝对禁止压缩机空载运行	当压缩机运行时，如高压侧焊堵且低压侧泄漏非常危险，被吸入的空气与冷冻机油的混合物在高温高压下达到闪点温度时将自燃爆炸
4	严禁短接各种压缩机保护，如低压保护、高压保护、高温保护、电流保护、外置保护器、相序保护	未解决根本问题，引起压缩机再次损坏
5	更换压缩机后应按照规定清洗系统，确保系统无杂质后才能换上新压缩机	引起杂质进入新压缩机，导致新换上的压缩机损坏
6	压缩机和系统的管口不能长时间敞开，压缩机吸排气管管口胶塞在拔除 10min 内应保证系统焊接完成，防止空气水分和杂质进入系统	影响制冷效果，并有可能损坏压缩机
7	当焊接压缩机管口时，特别注意火焰方向不能对着接线座，以免造成接线座玻璃体熔化或接线端子接触不良和腐蚀生锈	接线座玻璃体熔化，接线座绝缘涂层被破坏，导致压缩机可靠性下降
8	因系统泄漏而导致压缩机烧损，在更换压缩机前，必须要将系统泄漏点全部查明并处理，方可更换压缩机	可能导致二次维修压缩机
9	不允许以任何原因添加冷冻机油	添加的油并不一定适用原压缩机，而且可能导致新旧油之间发生反应，甚至产生沉淀，使压缩机无法使用
10	加长室内外连接管不允许直接焊接喇叭口，必须使用杯口连接，插管深度为 8mm 以上，否则系统容易泄漏	喇叭口因无深度，没有焊接强度，一旦稍微弯折容易泄漏。杂质水分进入系统，导致压缩机报废
11	尽量更换与原配压缩机同型号的压缩机，如实在无法满足要求，应该选择与原配压缩机能力相差在5%以内的同电源、同类型的压缩机代替	制冷制热效果差，新换压缩机容易损坏
12	更换压缩机，必须保证附近连接线不会与铜管相碰，间距较小的位置最好在铜管上包上保温管后再用扎带将连接线扎在铜管上，胶脚与垫片的距离为0.5～2.0mm，铜管之间的距离为5mm 以上，铜管与外壳的距离为 10mm 以上	铜管与连接线相碰可能会导致安全事故，铜管相碰容易导致泄漏，并损坏压缩机

课题二　空调器热交换器组件的检修

一、热交换器的一般检查方法

空调器的热交换器分为冷凝器和蒸发器，它们除了功能不同外，其结构、特点都基本相同，在检查中往往采用表 9-7 所示的一般检查方法进行检查。

表 9-7　热交换器的一般检查方法

步　骤	检查方法	检测说明
1	摸	摸蒸发器的表面温度。当空调器开机运转后，蒸发器各处的温度应该是相同的，其表面是发凉的，一般在 15℃左右，裸露在外的铜管弯头处有凝露水 摸冷凝器的表面温度。当空调器开机运转后，冷凝器很快就会热起来，热得越快说明制冷越快。在正常使用情况下，冷凝器的温度可达 80℃左右，冷凝管壁温度一般在 45 ~ 55℃
2	看	观察热交换器与外接管道连接焊点是否存在油迹。如果有，查找渗漏制冷剂的小孔，再进行补焊 观察热交换器上灰尘厚度，如果比较厚，则需要及时清理
3	查	用压力表检测每个热交换器管道的进口和出口，正常情况下，单独的热交换器管道进口和出口压力应该基本相同

二、热交换器工作案例分析

故障现象：在制冷条件下，制冷效果不理想。

空调器处于制冷状态，制冷效果不好的故障分析见表 9-8。

表 9-8　空调器处于制冷状态，制冷效果不好的故障分析

步　骤	故障分析方向	检查方法	检测说明
1	观察是否灰尘过厚引起热交换器换热不良	看	观察热交换器上灰尘厚度或翅片是否变形？如果灰尘比较厚，则需要及时清理；如果翅片变形，则采用小于翅片间距的金属片或塑料板沿着翅片间距进行整形，尽量恢复原来状态
2	观察热交换器是否存在漏油点	看	如果发现有渗漏的漏油点，查找渗漏制冷剂的小孔，再进行补焊
3	检测热交换器制冷剂入口与出口的压差	查	用压力表测量每个热交换器制冷剂入口和出口的压力，算出压差。如果出现压差比较大，说明该热交换器内部或出口处存在堵塞现象，需要拆下进行清洗
4	确定是否制冷剂不足	摸	用手摸热交换器表面温度，感觉达不到温度，并且不存在上述 1、2、3 点，说明与热交换器无关，可能是制冷剂不足或有其他故障

课题三　空调器节流阀组件的检修

空调器中的节流阀组件有毛细管和膨胀阀等。进入节流阀的是常温高压制冷剂，流出节流阀的是低温低压制冷剂，因此它们在制冷系统中具有降压和调节制冷剂流量的特点。节流阀一旦出现故障，空调器将出现制冷效果差或不制冷的现象。其故障分为冰堵和脏堵两类。

一、毛细管

1. 毛细管一般检查方法

毛细管一般检查方法见表 9-9。

表 9-9 毛细管一般检查方法

步 骤	检查方法	检测说明
1	摸	用手摸毛细管的入口端，应该感觉到温度比较高；摸毛细管的出口端，可以感觉到温度比较低，正常时应该与蒸发器温度接近 如果摸到的温度差不大，说明可能有脏堵；如果温差过大，说明可能有冰堵
2	看	根据空调器制冷工作状况进行判断。当正常制冷时，在压缩机运行之初，毛细管会结上薄薄的一层霜，随后会逐渐融化掉 如果空调器制冷一会儿后却马上停机，等过一会儿后重复上述过程，可以认为出现了冰堵。如果空调器压缩机长时间运转，在排除制冷剂少和热交换器换热问题后，可以认为是节流阀出现了脏堵
3	听	在制冷条件下，可以侦听到毛细管内制冷剂流动的声音 如果声音尖锐或一点声音也没有，都说明毛细管存在堵塞。如果堵塞严重，可以听到压缩机运行时发出的沉闷声音
4	查	在制冷条件下，用压力表测量毛细管入口端和出口端的压力，根据测量数据可以判断毛细管的故障类型 如果低压压力低于0.4MPa时，则可能是毛细管堵塞

2. 毛细管工作案例分析

故障现象：在制冷条件下，不制冷。

空调器处于制冷状态，不制冷的故障分析见表9-10。

表 9-10 空调器处于制冷状态，不制冷的故障分析

步 骤	故障分析方向	检查方法	检测说明
1	观察空调器压缩机是否工作	看	压缩机能够工作，说明空调器具备制冷条件
2	摸冷凝器外表温度是否高	摸	发现冷凝器外表温度高，说明制冷系统可能存在堵塞
3	摸毛细管两端温度是否存在温差	摸	发现毛细管两端有一定的温度差，说明确实存在堵塞
4	观看毛细管表面是否结霜	看	发现毛细管某处有结霜并很长时间不融化，说明毛细管在此处存在堵塞（脏堵）

故障现象：在制冷条件下，制冷效果不好，并且制冷一段时间后就停止；过一段时间后，再开机可以重复上述过程。

空调器处于制冷状态，制冷效果不好的故障分析见表9-11。

表 9-11 空调器处于制冷状态，制冷效果不好的故障分析

步 骤	故障分析方向	检查方法	检测说明
1	观察是否为空调器制冷剂不足	看	开机后，在制冷条件下，室内机组出冷风正常，说明空调器制冷效果不好并不是制冷剂不足造成的
2	观察蒸发器表面结霜情况	看、听	开机后，观察到蒸发器结霜。随着时间延长，蒸发器霜全部融化，可以听到压缩机运行时发出沉闷声，此时室内再没有冷气，说明毛细管进入蒸发器的入口处可能存在冰堵
3	听毛细管中制冷剂流动的声音是否正常	听	停机后，用热毛巾多次包住毛细管进入蒸发器的入口处，过一段时间后，听到管道通畅的制冷剂流动声，说明毛细管冰堵

3. 毛细管的更换方法

当毛细管出现故障需要更换时，可遵循表9-12所示步骤进行更换。

表 9-12　毛细管的更换方法

步　骤	更 换 方 法	注 意 事 项
1	用气焊将原毛细管熔下，测量出其长度和孔径	当估算长度时，以测量一圈为标准，再乘以圈数，得到毛细管的估算长度。其实际长度应该比估算长度长一些。在测量孔径时，尽可能用游标卡尺测量
2	参照测量参数购买新的毛细管	毛细管应该在外形上无外观形变、砂眼和破损
3	将毛细管先与过滤器焊接上，压缩机接上高压压力表。然后，起动压缩机观察高压压力表的指示值，以便决定毛细管的最终长度	高压压力表的数值过高，说明毛细管过长；压力过低，说明毛细管长度不足
4	调整毛细管的长度至正常值	一边观察高压压力表数值，一边调整毛细管的长度
5	将毛细管的另一端与蒸发器焊接好	在安装盘绕和焊接固定毛细管的过程中，均不得出现死弯、压扁的现象，防止孔径变小，流动受阻
6	更换好新的毛细管后，对整个系统进行抽真空、充注制冷剂和检漏	对毛细管焊接点进行检漏，系统抽真空，确保系统能够正常工作

二、膨胀阀

膨胀阀分为热力膨胀阀和电子膨胀阀，而热力膨胀阀又分为内平衡式和外平衡式两种。不同的生产企业在设计、生产空调器时，会采用不同类型的膨胀管作为空调器的节流阀。它们都能够针对流入制冷剂的温度进行一定的调节，以最佳的方式向蒸发器提供制冷剂。现以内平衡式热力膨胀阀为例说明。

1. 内平衡式热力膨胀阀

图 9-4 所示为内平衡式热力膨胀阀的实物图、分解图、工作原理图和实际装配图。

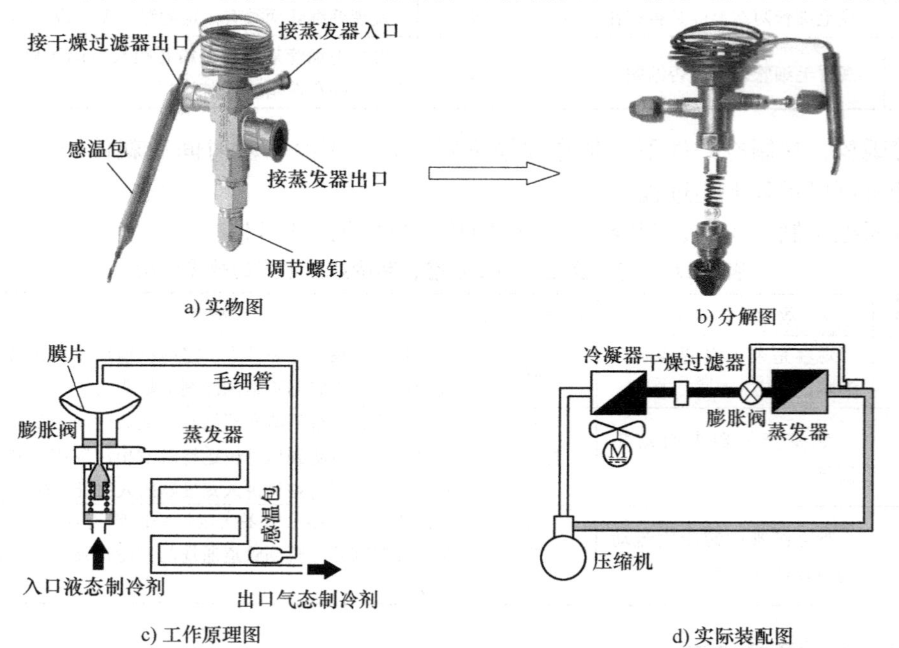

图 9-4　内平衡式热力膨胀阀的实物图、分解图、工作原理图和实际装配图

内平衡式热力膨胀阀的感温包内充注制冷剂，放置在蒸发器出口管道上，感温包和膜片上部通过毛细管相连，感受蒸发器出口制冷剂温度，膜片下面感受到的是蒸发器入口压力。如果空调器负荷增加，液压制冷剂在蒸发器提前蒸发完毕，则蒸发器出口制冷剂温度将升高，膜片上压力增大，推动阀杆使膨胀阀开度增大，进入到蒸发器中的制冷剂流量增加，制冷量增大；如果空调负荷减小，则蒸发器出口制冷剂温度减小，使得膨胀阀开度减小，从而控制制冷剂的流量。

2. 内平衡式热力膨胀阀的一般检查方法

内平衡式热力膨胀阀的一般检查方法见表9-13。

表9-13　内平衡式热力膨胀阀的一般检查方法

步　骤	检查方法	检测说明
1	摸	用手摸膨胀阀的入口端，应该感觉到温度比较高；摸膨胀阀的出口端，可以感觉到温度比较低，正常时应该与蒸发器温度接近。如果摸到的温度差不大，说明可能有脏堵；如果温差过大，说明可能有冰堵 如果用手紧握感温包，同时摸膨胀阀的入口和出口，正常时应该有明显的温度变化。如果没有变化，说明感温包可能有问题
2	看	根据空调器制冷工作状况进行判断 如果空调器制冷一会儿后马上停机，等过一会儿后重复上述过程，可以认为出现了冰堵。如果空调器压缩机长时间运转，在排除制冷剂少和热交换器换热问题后，可以认为是节流阀出现了脏堵
3	查	在制冷条件下，用压力表测量膨胀阀入口端和出口端的压力，根据测量的数据判断膨胀阀的故障类型 如果压差大于或严重大于正常值范围，说明膨胀阀存在堵塞

3. 内平衡式热力膨胀阀工作案例分析

故障现象：在制冷条件下，制冷效果不好。

空调器处于制冷状态下，制冷效果不好的故障分析见表9-14。

表9-14　空调器处于制冷状态下，制冷效果不好的故障分析

步　骤	故障分析方向	检查方法	检测说明
1	是否产生了冰堵	看	开机后，在制冷条件下，观察到蒸发器结霜。随着时间延长，蒸发器霜全部融化，可以听到压缩机运行时发出沉闷声，此时室内再没有冷气，说明内平衡式热力膨胀阀内部存在冰堵
2	是否产生了脏堵	摸	在确定内平衡式热力膨胀阀感温包是好的情况下，开机后，用手握住热力膨胀阀感温包，如果可以确定膨胀阀本身没有破损，并且热力膨胀阀进出口没有明显的温度变化，说明可能出现了脏堵
3	感温包充注介质是否泄漏	查	在制冷条件下，测量压缩机低压端和高压端的压力，如果测量的压力很低，高压很高，说明热力膨胀阀可能已经全部关闭，需要更换热力膨胀阀

4. 内平衡式热力膨胀阀的更换方法

当内平衡式热力膨胀阀出现故障需要更换时，可遵循表9-15所示步骤进行更换。

表 9-15　内平衡式热力膨胀阀的更换方法

步　骤	更换方法	注意事项
1	将内平衡式热力膨胀阀拆卸下来	购买参数相同的同型号的膨胀阀
2	将新购买的膨胀阀与过滤器、蒸发器连接上。在压缩机入口端接低压压力式温度表	在连接过程中，注意膨胀阀管口连接的对象与连接的方式不要出现错误
3	将蒸发器出口端连接感温包的地方除锈。假如外表是钢管，外表除锈后还要涂银漆，以便更好地接触。然后，再将感温包头部水平放置并固定在蒸发器上，用铜片包好，在最外层再外包隔热材料	在安装感温包时，一定要与蒸发器出口端接触良好。否则，将影响制冷效果
4	对整个系统进行抽真空、充注制冷剂和检漏	按照正常的操作流程进行抽真空、充注制冷剂及检漏
5	空调器停机。将数字温度表的探头插入到蒸发器回气口处的保温层内，读出蒸发器回气的温度 T_1，并且读出蒸发器出口（压缩机入口）压力所对应的温度 T_2。计算出 T_1-T_2 的温度差	数字温度计的探头应与蒸发器出口紧密接触，以便保证测量数据准确
6	在空调器处于制冷条件下，开机 15min，进入正常运行状态，使系统压力和温度达到一恒定值。读出蒸发器回气的温度 T_1 与蒸发器出口（压缩机入口）压力所对应的温度 T_2，计算出 T_1-T_2 对应的温度差（正常时其温度差为 5～8℃）	观察 T_1 和 T_2 的温度差，确定是否需要调整膨胀阀的调节螺钉
7	拆下膨胀阀的防护盖，调整膨胀阀螺杆半圈，10min 后，再计算 T_1-T_2 的温度差。反复进行调整，最终使得温度差为 5～8℃，说明膨胀阀更换成功	每次调整后，均需要记住原来的调节位置，以便后期调整有参照物 每次调整后，均需运行 10min，以保证空调器稳定运行 在调整期间，一定要有耐心和细心

课题四　空调器辅助组件的检修

空调器中使用的辅助组件一般有干燥过滤器、四通电磁阀和单向阀等。

一、干燥过滤器

1. 干燥过滤器的一般检查方法

干燥过滤器的一般检查方法见表 9-16。

表 9-16　干燥过滤器的一般检查方法

检查方法	检测说明
摸	摸干燥过滤器表面温度。在正常情况下，手摸干燥过滤器表面，感觉略比环境温度高。如果有凉的感觉或凝露，说明干燥过滤器有堵塞现象

2. 干燥过滤器工作案例分析

故障现象：空调器在制冷条件下不制冷。

空调器处于制冷状态，不制冷的故障分析见表9-17。

表9-17　空调器处于制冷状态，不制冷的故障分析

步　骤	故障分析方向	检查方法	检测说明
1	观察空调器压缩机是否工作	看	在制冷条件下，压缩机可以工作，但工作时间不长，然后进入保护状态。说明压缩机能够工作
2	摸冷凝器外表温度是否高	摸	摸冷凝器外表温度不高。说明系统中存在堵塞
3	摸干燥过滤器表面温度是否一样	摸	摸干燥过滤器表面温度，发现其表面温度不一样。说明干燥过滤器存在堵塞

3. 干燥过滤器的更换方法

当干燥过滤器出现故障需要更换时，可遵循表9-18所示步骤进行更换。

表9-18　干燥过滤器的更换方法

步　骤	更换方法	注意事项
1	用气焊将原干燥过滤器拆下，确定其直径大小和长度	选择、购买与拆卸下来的一样的干燥过滤器
2	将干燥过滤器对应端口与毛细管、冷凝器分别焊接好	不要将干燥过滤器与毛细管、冷凝器连接反了
3	对整个制冷系统进行抽真空、充注制冷剂和检漏	对毛细管焊接点进行检漏，系统抽真空，确保系统能够正常工作

二、四通电磁阀

四通电磁阀又称为电磁四通换向阀。它常用在热泵空调器上，具有改变制冷剂在其中的流动方向，达到需要制冷、制热的目的。

1. 四通电磁阀的组成与工作过程

图9-5所示为四通电磁阀的实物图。

图9-5　四通电磁阀的实物图

图9-6所示为四通电磁阀的结构图。它主要由换向阀体、控制阀体、电磁系统和毛细管网组成。

图9-7所示为四通电磁阀制冷、制热工作原理图。

在图9-7a中，当空调器处于制冷状态下，四通电磁阀线圈不通电，控制阀释放，阀芯因弹簧力作用移至右端，毛细管D与C相通、E与S相通，主阀内D侧的高压气体通过毛细管D、C进入主阀左端空间，主阀内部压力为左高右低，活塞带动滑块移向右端，使吸气管（S管）与室内机接管（E管）相通，另两根接管（C、D）

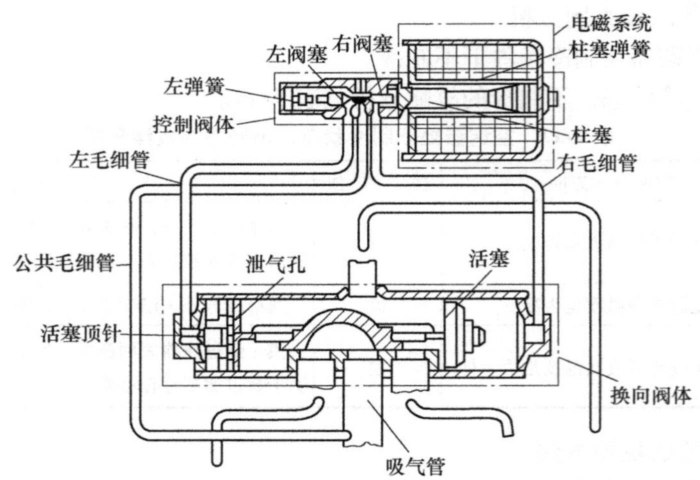

图 9-6　四通电磁阀的结构图

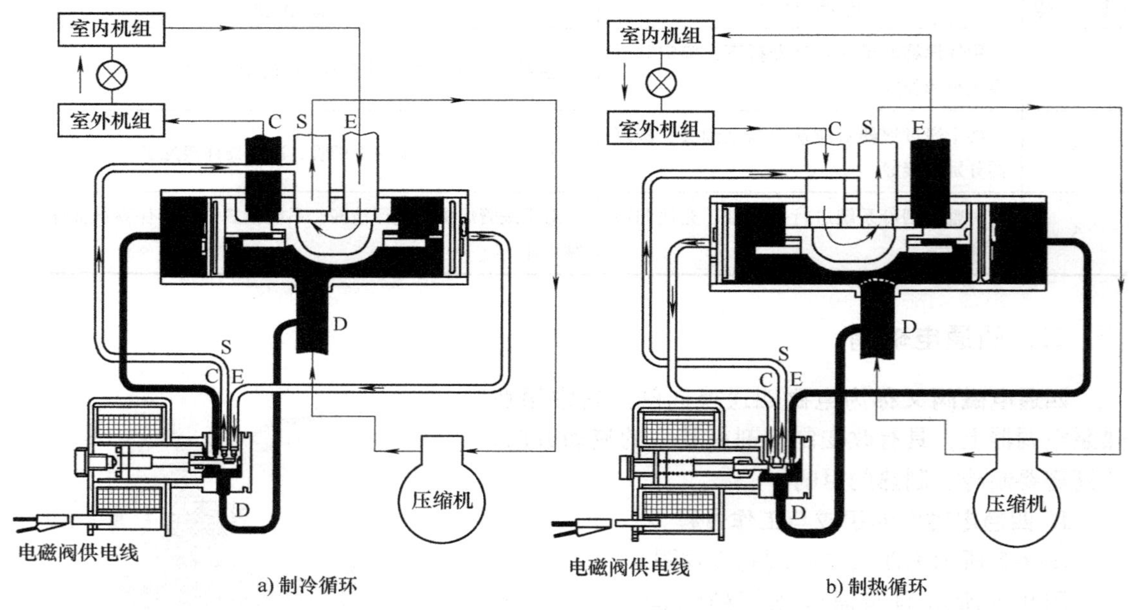

图 9-7　四通电磁阀制冷、制热工作原理图

相通，形成制冷循环。

在图 9-7b 中，当空调器处于制热状态下，四通电磁阀线圈处于通电状态，控制滑阀在电磁力作用下克服压缩弹簧的张力而左移，毛细管 E 与 D 连通，S 与 C 连通，高压气体通过毛细管后进入主阀右端空间，主阀内部压力为右高左低，阀芯被推向左端，使吸气管（S 管）与室外机接管（C 管）相通，另两根接管相通（D、E），形成制热循环。

2. 四通电磁阀的一般检查方法

四通电磁阀的一般检查方法见表 9-19。

表 9-19　四通电磁阀的一般检查方法

步　骤	检查方法	检测说明
1	摸	在空调器正常工作时，四通电磁阀的毛细管温度应该不一样，一根热，一根凉 如果毛细管温度一样的，说明四通电磁阀损坏
2	看	在正常情况下，四通电磁阀外表干净 如果有油脂等，说明制冷剂在四通电磁阀中可能有泄漏点
3	听	给四通电磁阀通电，可以听到继电器动作声音 如果没有声音，说明四通电磁阀损坏
4	查	在不通电条件下，用万用表电阻档测量四通电磁阀的线圈电阻值，呈现一定的电阻值。在通电条件下，用万用表电压档测量电磁线圈端电压，应该电压正常 如果测量电阻值很小，说明存在短路；测量电阻值为无穷大，说明断路

3. 四通电磁阀工作案例分析

故障现象：热泵型空调器可以制冷，但是不能制热。

热泵型空调器处于制热状态下，不制热的故障分析见表 9-20。

表 9-20　热泵型空调器处于制热状态下，不制热的故障分析

步　骤	故障分析方向	检查方法	检测说明
1	摸四通电磁阀毛细管是否有一根热，一根冷	摸	四通电磁阀毛细管温度一样。说明可能是控制板问题，也可能是四通电磁阀的问题
2	测量四通电磁阀端电压是否正常	测	通电。用万用表电压档测量电磁线圈进线电压。如果四通电磁阀电磁线圈没有端电压，说明控制板有问题；如果有端电压，应进一步检查四通电磁阀的好坏
3	测量四通电磁阀电磁线圈电阻值是否存在	测	断电。用万用表电阻档测量电磁线圈电阻值。如果为无穷大或很小，说明需要更换四通电磁阀；如果测量正常，说明四通电磁阀可能出现机械问题，需要更换

故障现象：热泵型空调器制冷、制热效果均不好。

热泵型空调器处于制冷、制热状态下，制冷、制热效果均不好的故障分析见表 9-21。

表 9-21　热泵型空调器处于制冷、制热状态下，制冷、制热效果均不好的故障分析

步　骤	故障分析方向	检查方法	检测说明
1	空调器是否存在制冷剂泄漏或系统轻微堵塞	测	压缩机进出口分别接高低压表 如果读数正常，说明制冷剂既没有泄漏，也不存在系统堵塞，故障在四通电磁阀 如果高压表读数高出低压表读数很多，说明系统存在堵塞现象，与四通电磁阀无关 如果高低压表读数接近一样，说明可能是制冷剂泄漏或四通电磁阀有问题。通过压缩机上截止阀排放制冷剂，如果系统能够排放大量的制冷剂，说明不是制冷剂泄漏，而是四通阀有问题，应该进一步对四通电磁阀进行检查
2	空调器四通电磁阀是否存在串气现象	摸	在通电状态下，用手摸四通电磁阀的毛细管，均发热并且温度基本一样，说明四通电磁阀换向不到位，需要维修或更换

4. 四通电磁阀的更换方法

当四通电磁阀出现故障需要更换时，可遵循表9-22所示步骤进行更换。

表9-22 四通电磁阀的更换方法

步骤	更换方法	注意事项
1	将四通电磁阀断电，用气焊将四通电磁阀焊下，查看型号	选择、购买与拆卸下来一样的四通电磁阀
2	在原来四通电磁阀位置固定新的四通电磁阀	任四通电磁阀水平放置还是垂直放置时，电磁线圈均应该在上面
3	焊接时，先焊单根高压管，然后焊其他的三根中间的低压管，最后焊接剩下的两根管	焊接火焰一定要调到合适的程度；焊接速度要快；焊接过程中，应用湿毛巾包住四通电磁阀换向阀体，保证火焰不会将换向阀体内部件损坏 在焊接过程中，焊接好第一根管子后，必须等四通电磁阀冷却，才能焊第二根管子，以此类推。否则，易造成四通电磁阀换向阀体损坏
4	四通电磁阀焊接好后，用湿毛巾擦净焊接口，调整四通电磁阀焊管位置，直到满意位置	进一步检查焊接质量
5	对整个制冷系统进行抽真空、充注制冷剂和检漏	对四通电磁阀焊接点进行检漏，系统抽真空、充注制冷剂，确保系统能够正常工作

三、单向阀

单向阀又称为止回阀或逆止阀，用于液压系统中防止油流反向流动，或者用于气动系统中防止压缩空气逆向流动。在空调系统中，单向阀和毛细管并联，控制制冷剂的正反向流量，使制冷剂只能按某一规定方向流动。其外形根据需求不同，做成各种不同的形状。典型的单向阀实物外形如图9-8所示。单向阀表面标注的箭头用来表示制冷剂的流向。其在空调器的安装位置如图9-9所示。

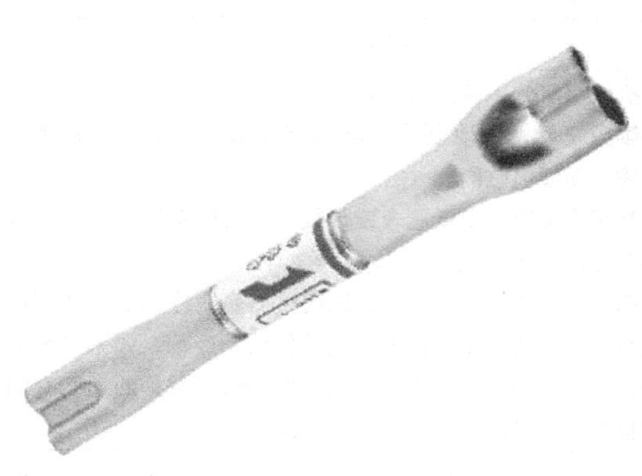

图9-8 典型的单向阀实物外形

图9-9 单向阀在空调器的安装位置

1. 单向阀结构与工作过程

图 9-10 所示为针阀型单向阀结构图。它由阀体、阀针和挡块等组成。

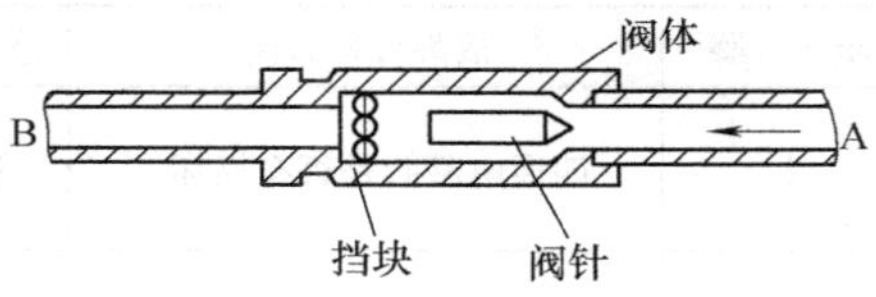

图 9-10　针阀型单向阀结构图

其工作过程为：当制冷剂从 A 流向 B 时，A 侧的压力高于 B 侧的压力，阀针左移使得阀门打开，制冷剂可以流过。反之，当制冷剂从 B 流向 A 时，B 侧的压力高于 A 侧的压力，阀针右移，单向阀通路关闭，制冷剂不能流动。

2. 单向阀在实际中的应用

图 9-11 所示为单向阀与毛细管结合的应用。

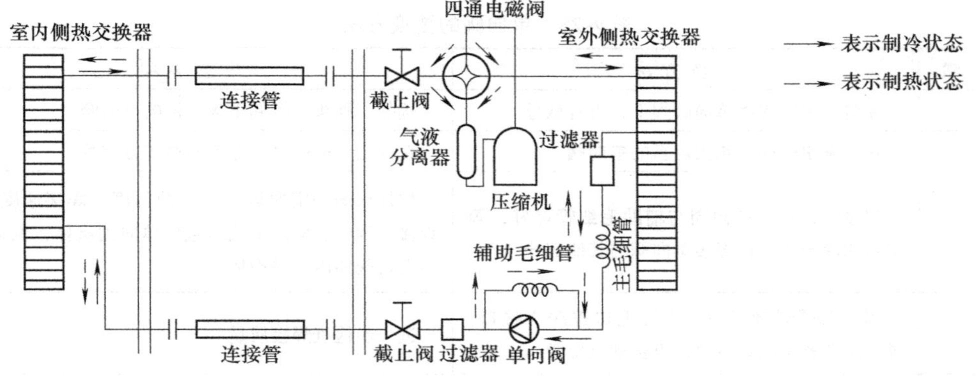

图 9-11　单向阀与毛细管结合的应用

在图 9-11 中，单向阀的每端都有两个连接口，利用其中的一对与辅助毛细管并联，另一对的一个与主毛细管相连，另一个与过滤器相连。当空调器处于制冷状态时，单向阀将辅助毛细管短接，制冷剂从单向阀中流走。当空调器处于制热状态时，单向阀处于关闭状态，制冷剂将从辅助毛细管、主毛细管中流走。

因为室内热交换器与室外热交换器面积不同，而又要保证制冷剂在热交换器中完全蒸发，提高制冷剂效率，因此空调器在制热中使用的毛细管总长度比制冷中使用的毛细管要长。

3. 单向阀的一般检查方法

单向阀的一般检查方法见表 9-23。

表 9-23　单向阀的一般检查方法

检查方法	检测说明
摸、看	在制冷状况下，单向阀导通，表面温度比较高。如果单向阀表面阀体有结霜，说明低压压力有所下降，单向阀截止或堵塞 在制热状况下，单向阀截止，表面温度应该比毛细管温度低。如果与毛细管温度接近，说明高压压力有所下降，单向阀损坏

4. 单向阀工作案例分析

故障现象：空调器制冷效果好，而制热效果比较差。

空调器制冷效果好，而制热效果比较差的故障现象分析见表 9-24。

表 9-24　空调器制冷效果好，而制热效果比较差的故障现象分析

步　骤	故障分析方向	检 查 方 法	检 测 说 明
1	四通电磁阀是否有损坏	听、摸	给四通电磁阀通断电，控制阀块吸合正常，换气声明显。用手摸毛细管有冷热区别，说明四通电磁阀工作正常
2	单向阀是否损坏	摸	摸单向阀和辅助毛细管，发现单向阀的温度比辅助毛细管的温度高，说明制冷剂未通过辅助毛细管，单向阀存在漏气或导通，单向阀损坏

5. 单向阀的更换方法

当单向阀出现故障需要更换时，可遵循表 9-25 所示步骤进行更换。

表 9-25　单向阀的更换方法

步　骤	更 换 方 法	注 意 事 项
1	断电，用气焊将单向阀焊下，查看型号	选择、购买与拆卸下来一样的单向阀
2	在原来单向阀位置固定新的单向阀	在固定单向阀时注意单向阀的方向性
3	焊接时，先将单向阀与辅助毛细管焊好，等单向阀冷却后，再焊接单向阀的其他部分	焊接火焰一定要调到合适的程度；焊接速度要快；焊接过程中，应用湿毛巾包住单向阀阀体，保证火焰不会将阀体内部件损坏
4	当单向阀焊接好后，用湿毛巾擦净焊接口，进一步调整单向阀位置，直到满意位置	进一步检查焊接质量
5	对整个制冷系统进行抽真空、充注制冷剂和检漏	对单向阀焊接点进行检漏，系统抽真空、充注制冷剂，确保系统能够正常工作

习 题 练 习

一、填空题

1. 单相供电式压缩机接线方式中 R 表示________、S 表示________、C 表示________。

2. 在空调器制冷系统组件检修中，经常要用到“摸、看、听、查”对制冷系统中的器件进行检查。

“摸”对应器件有________________________，
“摸”的内容是________________________；
“看”对应器件有________________________，
“看”的内容是________________________；
“听”对应器件有________________________，
“听”的内容是________________________；
“查”对应器件有________________________，
“查”的内容是________________________。

二、实践题

根据“空调器制冷系统组件检修”内容，上网查阅、收集相关器件的案例资料。

综合实训与考核　空调器制冷系统组件检修

小组名称		小组组长	
小组成员			
实训目的	在安全文明活动条件下，认识空调器制冷系统主要部件组成，掌握空调器制冷系统主要部件的检修方法		
实训器材	不同类型的空调器若干		
实训内容	1）了解空调器制冷系统检修所用的工具、仪器仪表名称和数量 2）收集不同空调器制冷系统主要部件拆卸、安装和检修的案例		
成员分工	（注：描述成员工作分工及工作职责）		
空调器压缩机组件检修	（注：各成员通过走访空调器维修服务站，将收集到的空调器压缩机组件检修案例及所使用的工具、仪器仪表等写在 A4 纸上，然后再粘贴在此处）		
空调器热交换器组件检修	（注：各成员通过走访空调器维修服务站，将收集到的空调器热交换器组件检修案例及所使用的工具、仪器仪表等写在 A4 纸上，然后再粘贴在此处）		
空调器节流阀组件检修	（注：各成员通过走访空调器维修服务站，将收集到的空调器节流阀组件检修案例及所使用的工具、仪器仪表等写在 A4 纸上，然后再粘贴在此处）		
空调器辅助组件检修	（注：各成员通过走访空调器维修服务站，将收集到的空调器辅助组件检修案例及所使用的工具、仪器仪表等写在 A4 纸上，然后再粘贴在此处）		
小组自评	年　月　日		
教师评语	签名：　　　　年　月　日		

空调器空气循环系统检修

【内容构架】

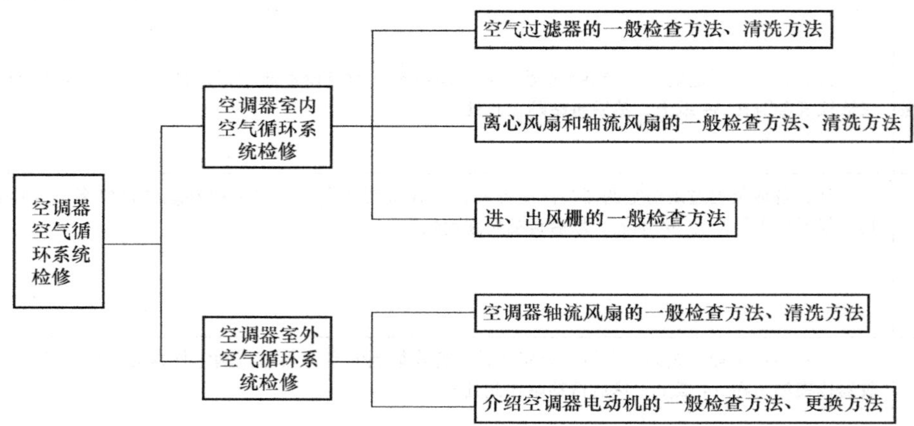

【学习引导】

目的与要求

1）掌握空调器空气循环系统组件的一般检查方法。

2）熟悉空调器空气循环系统组件的清洗和更换方法。

重点与难点

重点：空调器空气循环系统组件的一般检查方法、清洗和更换方法。

难点：无。

课题一　空调器室内空气循环系统检修

空调器室内空气循环系统主要组件有空气过滤器、离心风扇（或轴流风扇）、进风栅、出风栅和电动机等。其室内空气由室内机组面板进风栅的回风口进入机内，经过空气过滤器净化后，进入室内热交换器换热，经冷却或加热后进入风扇，由出风栅的出风口再吹入室内，形成室内空气循环。这个过程就是强制室内空气在室内对流，进而达到降温或升温的目的。如果循环中某个环节出现问题，循环过程将被迫中断。

一、空气过滤器

1. 空气过滤器的一般检查方法

空气过滤器的一般检查方法见表10-1。

表10-1　空气过滤器的一般检查方法

检查方法	检测说明
看	观察拆卸下来的空气过滤器的完整性及表面是否有灰尘。如果有缺陷，更换一个相同的空气过滤器；如果有灰尘，采用一定的方法清除掉

2. 空气过滤器故障案例分析

故障现象：在制冷条件下，制冷效果不佳。

针对故障现象，首先考虑的就是空气过滤器是不是出现了问题。打开空调器面板，发现空气过滤器表面已经积累了很厚的一层灰尘。分析可能是空气进风口不畅通导致。将空气过滤器拆下清洗干净、装回原处，重新开机，制冷效果良好，说明故障在空气过滤器上，是灰尘过多导致。

3. 空气过滤器的清洗方法

空气过滤器的清洗方法见表10-2。

表10-2　空气过滤器的清洗方法

步骤	清洗方法	注意事项
1	将空调器面板打开，可以看到网状的空气过滤器	在拆卸过程中不可使用蛮力
2	将空气过滤器沿轨道取出	在取出过程中，不要伤到自己的手
3	将空气过滤器置于水中，用刷子将其表面的脏污刷干净，再用清水清洗干净，沥干水分	在清洗过程中可以使用清洗剂
4	将沥干的空气过滤器沿轨道插入、还原，并盖上空调器面板	在插入过程中不可用蛮力

二、离心风扇和轴流风扇

1. 离心风扇和轴流风扇的一般检查方法

离心风扇和轴流风扇的一般检查方法见表10-3。

表10-3　离心风扇和轴流风扇的一般检查方法

检查方法	检测说明
看	观察离心风扇和轴流风扇表面灰尘的厚度及风叶变形或损坏程度。如果灰尘过厚，则需要清洗；如果风叶变形或部分损坏，则需要更换

2. 离心风扇（或轴流风扇）故障案例分析

故障现象：在制冷条件下，室内机组内部有振动感。

针对故障现象，将室内机组外壳打开。通电观察，发现离心风扇运转不平衡，有抖动现象。停机，离心风扇停止旋转。再逐一观察离心风扇叶片，发现有部分被腐蚀，说明故障在离心风扇的叶片上。拆下离心风扇，更换新的离心风扇，通电后观察离心风扇的运行情况。如果离心风扇运行不平稳，则停机后调整叶轮上的平衡块，再通电观察。如此反复，直到离心风扇旋转正常，故障排除。

3. 离心风扇（或轴流风扇）的清洗方法

离心风扇（或轴流风扇）的清洗方法见表 10-4。

表 10-4 离心风扇（或轴流风扇）的清洗方法

步骤	清洗方法	注意事项
1	断电，将空调器面板打开，找到离心风扇（或轴流风扇）	在拆卸过程中不可使用蛮力
2	仔细观察离心风扇（或轴流风扇）的固定件。用螺钉旋具卸下螺钉，用扳手拆下螺母，再小心翼翼地将离心风扇（或轴流风扇）从电动机轴承上取出	在取出过程中，不要用蛮力，不要伤到自己的手
3	将离心风扇（或轴流风扇）置于水中，用刷子将其表面的脏污刷干净，再用清水清洗干净，沥干水分	在清洗过程中可以使用清洗剂
4	将沥干的离心风扇（或轴流风扇）装到电动机的轴承上，紧固螺母。通电，观察离心风扇（或轴流风扇）的运转情况	在安装离心风扇（或轴流风扇）时不可用蛮力；在紧固螺母时，将螺母拧紧即可
5	离心风扇（或轴流风扇）运转正常，停电，装上螺钉，盖上面板	在装配过程中切记不要遗漏部件、螺钉等

三、进风栅与出风栅

空调器的进风栅为塑料固定形态制品，不易损坏。

出风栅与导风系统相连，为塑料固定形态制品。如果损坏，多由于清洗不当等人为原因所致。

因此，进风栅和出风栅损坏，通过观察即可确定。如果确定其损坏，更换同规格产品即可排除故障。

课题二 空调器室外空气循环系统检修

空调器室外空气循环系统主要组件有轴流风扇和电动机等。室外机组电动机，带动轴流风扇转动，将外界空气吸入，吹到热交换器和压缩机表面上，与热交换器和压缩机表面进行热交换，在降低热交换器和压缩机表面温度的同时形成热风，再经轴流风扇吹到外界，完成室外空气循环。如果轴流风扇或电动机出现问题，将严重影响制冷、制热循环和压缩机的工作状况。

一、轴流风扇

1. 轴流风扇的一般检查方法

轴流风扇的一般检查方法见表 10-3。

2. 轴流风扇故障案例分析

故障现象：在制冷条件下，室外机组有明显的磕碰声。

针对故障现象，将室外机组外壳打开。通电观察，发现轴流风扇叶片与毛细管有碰撞。断电后，重新布置毛细管，再通电观察，故障排除。

3. 轴流风扇的清洗方法

轴流风扇的清洗方法见表10-4。

二、电动机

1. 电动机的一般检查方法

电动机的一般检查方法见表10-5。

表10-5　电动机的一般检查方法

步　骤	检查方法	检测说明
1	闻	在断电条件下，仔细闻一闻电动机散发出来的气味。如果有烧焦的气味，说明电动机有短路性故障
2	看	在断电条件下，用手转动电动机风扇叶片，正常时叶片转动快而流畅。如果叶片旋转不流畅也不快，说明电动机缺润滑油或电动机轴承有卡住现象
3	听	在通电条件下，仔细倾听电动机旋转所发出的声音，应该是匀称的单一声音。如果有其他杂声，说明电动机有问题
4	查	在不通电的条件下，用万用表电阻档测量电动机绕组电阻值，读取所测数据。测量与电动机连接的电容器，机械指针式万用表应有充放电现象；用数字式万用表的电容档测量电容器，其读数应该接近其电容量。如果测得电动机绕组的电阻值为无穷大或电阻值很小，接近零，说明电动机损坏。如果用机械指针式万用表测得电容器没有充放电现象或摆动很小，说明电容器断路或容量变小。如果用数字式万用表电容档测量的数据与电容器标称值相差很大，说明电容器损坏 在通电条件下，用万用表交流电压档测量电动机供电线低压值，应该有220V。如果没有，说明供电有问题

2. 电动机故障案例分析

故障现象：在制冷条件下，压缩机起动一会儿后停机。

针对故障现象，分析可能是压缩机保护导致停机故障。仔细观察室外机组在起动后的工作情况，压缩机开始工作，而室外机组风扇不转，因此判断压缩机工作进入保护的原因是其温度过高，超过允许温度所致。使空调器停机，取下连接电动机的电容器，用万用表测量该电容器，发现容量为零。重新更换一个同类型的电容器后，开机，空调器运行正常，故障排除。

3. 电动机的更换方法

当电动机损坏后，其更换方法见表10-6。

表10-6　电动机的更换方法

步　骤	更换方法	示　意　图	注意事项
1	从插座上将空调器电源插头拔出，使空调器断电	—	一定在断电条件下进行更换

（续）

步　骤	更换方法	示　意　图	注意事项
2	用螺钉旋具旋下固定顶盖的螺钉，取下顶盖	 	注意在拆卸过程中，人身安全要得到保障
	用螺钉旋具旋下底部、左侧、右侧及右侧接线板处的螺钉	   	
	卸下空调器室外机组的外框架，露出室外机组风扇组件		
3	将电动机接线断开		为后期取下电动机做准备
4	用扳手顺时针旋转固定轴流风扇的螺母，取下螺母，拆下轴流风扇，露出电动机外形	  	注意拆卸顺序
5	用螺钉旋具取下固定风扇电动机的螺钉，取下风扇电动机	 	因为电动机比较重，为保证拆卸中不引起人为事故
6	按照拆卸电动机的逆向过程将新购买的电动机装上，并通电试运行。如果试运行成功，断电，将外壳和顶盖还原，清理现场	—	当安装新的电动机时，不要漏掉螺钉

习题练习

一、填空题

1. 空气过滤器表面灰尘过多会造成空调器________故障。

2. 离心风扇（或轴流风扇）的清洗过程为________、________、________、________、________。

二、实践题

1. 对自己家安装的空调器室内机组里的空气过滤器做一次清洗，并写出清洗过程。

2. 找一个微型电动机，查阅资料后，亲自拆卸和安装一次微型电动机，并写出拆卸和安装全过程。

综合实训与考核　空调器空气循环系统检修

小组名称		小组组长	
小组成员			
实训目的	在安全文明活动条件下，认识空调器空气循环系统主要部件结构，掌握空调器空气循环系统主要部件的检修方法		
实训器材	不同类型的空调器若干		
实训内容	1）了解空调器空气循环系统检修所用工具、仪器仪表名称和数量 2）收集不同空调器空气循环系统主要部件拆卸、安装和检修的案例		
成员分工	（注：描述成员工作分工及工作职责）		
空调器室内空气循环组件检修	（注：各成员通过走访空调器维修服务站，将收集到的空调器室内空气循环组件检修案例及所使用的工具、仪器仪表等写在 A4 纸上，然后再粘贴在此处）		
空调器室外空气循环组件检修	（注：各成员通过走访空调器维修服务站，将收集到的空调器室外空气循环组件检修案例及使用的工具、仪器仪表等写在 A4 纸上，然后再粘贴在此处）		
小组自评	年　月　日		
教师评语	签名：　　　　年　月　日		

单元十一

空调器电气控制系统检修

【内容构架】

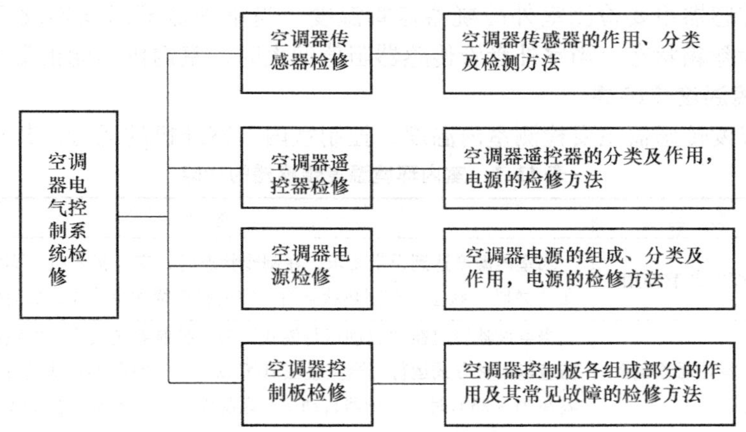

【学习引导】

目的与要求

1）通过对空调器电气控制系统组成的介绍，了解电气控制系统的组成及作用。

2）会处理不同电气控制系统的常见故障。

重点与难点

重点：空调器的电气控制系统的组成及作用。

难点：空调器电气控制系统的常见故障分析。

课题一　空调器传感器检修

图 3-13 所示为冷风型壁挂式空调器电气控制系统原理图。

空调器电气控制部分共设有三个温度传感器：即室外温度传感器（冷凝器探头）、室内环境温度传感器（室温探头）和室内管温度传感器（蒸发器探头）。温度传感器故障在空调器故障中占有比较大的比例，要进行准确判断，首先要了解其功能。

空调器使用的温度传感器大都是负温度系数的热敏电阻，其阻值可随温度变化从几千欧姆变化到几十千欧姆。室外温度传感器如图 11-1 所示，室内环境温度传感器和室内管温度传感器如图 11-2 所示。

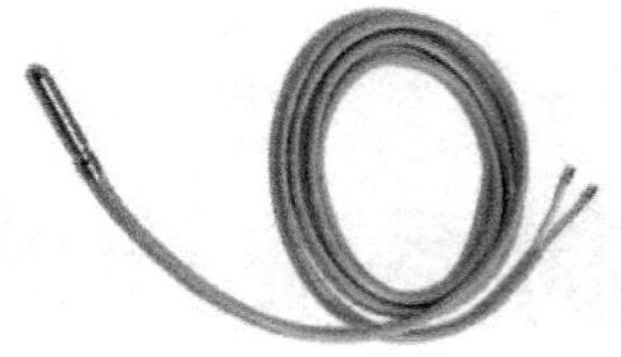

图 11-1　室外温度传感器

图 11-2　室内环境温度传感器和室内管温度传感器

一、温度传感器的功能

1. 室外温度传感器

室外温度传感器主要检测室外冷凝器盘管温度。当室外盘管温度连续 2min 低于 -6℃时，室内机转为除霜状态；当室外盘管传感器阻值偏大时，室内机不能正常工作。

2. 室内环境温度传感器

室内环境温度传感器主要检测室内温度，控制室内、室外机的运行，其功能见表 11-1。

表 11-1　室内环境温度传感器的功能

序　　号	功　能	说　明
1	温度的调节作用	当室内温度达到设定要求，在制冷状态时，室外机停机，而室内风扇继续运行在“微风”状态；在制热状态时，室内机继续吹余热风，然后停机
2	调整空调器的运行方式	当空调器设定在“自动运行模式”时，控制系统按当前的室温高低来决定空调器应以何种方式运行。当室温在 20℃以下时，空调器自动运行在制热状态；当室温在 21～23℃时，空调器自动运行在除湿状态；当室温在 24℃以上时，空调器则运行在制冷状态
3	自动控制制冷、制热时室内机的风速	以用户事先设定制冷房间的温度为标准，当室温变化时，控制系统便会按照当前的室温与设定的温度之差来调整风速的大小

3. 室内管温度传感器

室内管温度传感器安装在室内蒸发器的管道上，它直接与管道相接触，主要检测室内蒸发器的盘管温度（简称管温），所测温度接近制冷系统的蒸发温度，其作用见表 11-2。

表 11-2　室内管温度传感器的作用

序　　号	作　用	说　　明
1	制冷时起防冻保护作用	当室内盘管结冰温度低于 -2℃，并连续 2min 以上时，室外机停止运行；当室内管温度上升到 7℃或压缩机停止工作超过 6min 时，室外机继续运行。当室内管温度传感器阻值偏大(即检测的温度比实际的温度低)时，将导致微型计算机控制器误判断为室内温度已达到设定的温度，可能使室外机停止运行，室内风扇吹出来的是自然风，出现不制冷故障。当室内管温度传感器阻值偏小(即检测的温度比实际的温度高)时，室内蒸发器温度低于 -2℃，压缩机还在继续运行，不能停机进行防冻保护，使室内蒸发器上结冰，造成室内蒸发器漏水，出风少，制冷效果差

（续）

序　号	作　用	说　明
2	制热开始时，起到防止室内机吹出冷风和防过热保护作用	当冬季刚开机时，室内盘管温度如未达到25℃，室内风扇不运行；当室内盘管温度达到25～38℃时，室内风扇以微风工作；当室内盘管温度达到38℃以上时，以设定风速工作；当室内盘管温度达到57℃并持续10s时，停止室外风扇运行；当室内盘管温度超过62℃并持续10s时，压缩机停止运行。只有等室内盘管温度下降到52℃时，室外机才投入运行。因此，当室内管温度传感器出现故障时，其阻值比正常值偏大(即检测的温度比实际的温度低)时，室内机组可能不能起动或一直以低风速运行；当室内管温度传感器阻值偏小时，室外机频繁停机，使室内机吹出凉风
3	在制冷或制热时，具有自动诊断作用	当盘管温度超出正常的温度范围时，经电路板上的微处理器CPU进行比较、计算，输出产生故障的原因和故障码，并在显示器上显示

二、温度传感器的安装与电路连接

冷凝器探头（室外温度传感器）实际上是热敏电阻，安装在冷凝器表面的盘管处。如图3-13所示，它将温度变化信号转变成直流电压信号并送入微处理器的JC107脚。

室内环境温度传感器（室温探头）安装在室内机组内。如图11-3所示，它通过插件接在温度检测电路中。它与R_{19}电阻器构成分压电路，将获得的外界温度变化信息转变成直流电压信号并送入微处理器的JC104脚。

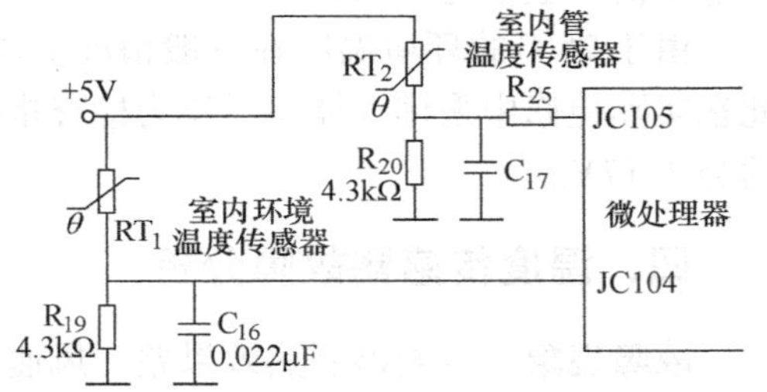

图11-3　温度传感器电路连接

蒸发器探头（室内管温度传感器）安装在蒸发器表面的盘管处。如图11-3所示，它与R_{20}电阻器构成分压电路，将温度变化信号转变成直流电压信号并送入微处理器的JC105脚。

三、空调器温度传感器检修

1. 温度传感器的电阻值

因为温度传感器（俗称感温探头）的电阻值随温度的变化而改变，而外壳上也没有明确标注厂家型号和参数。为方便对其检修，提供了供大家参考的温度传感器在不同的温度时对应的不同电阻值，见表11-3。

表11-3　温度传感器在不同的温度条件下对应不同的电阻值

室内管温度传感器		室外温度传感器		室内环境温度传感器		室外排气温度传感器	
温度/℃	阻值/kΩ	温度/℃	阻值/kΩ	温度/℃	阻值/kΩ	温度/℃	阻值/kΩ
0	83	0	31	10	47	10	1000
5	63	5	24	15	37	20	600
10	48	10	19	20	29	30	400

（续）

室内管温度传感器		室外温度传感器		室内环境温度传感器		室外排气温度传感器	
温度/℃	阻值/kΩ	温度/℃	阻值/kΩ	温度/℃	阻值/kΩ	温度/℃	阻值/kΩ
15	37	15	15	25	23	40	250
20	29	20	12	30	18	50	160
25	23	25	10	—	—	60	80
30	18	30	8	—	—	—	—
35	12	35	5	—	—	—	—

2. 温度传感器好坏的判别

空调器的传感器电路一般是以电阻分压形式取出变化的信号电压，然后提供给微处理器进行比较计算，进而来判断外界温度的高低。温度传感器供电电压一般是5V，经过温度传感器电阻变化、分压后，输入微处理器的电压一般为2.0～3.0V。以此为依据，如果测出的电压严重偏离，则可判断传感器已经损坏。

对于不同类型的温度传感器，在相同温度下其阻值也不尽相同。在25℃时，其在线测量电压值一般都为2～2.5V。

由于25℃的环境温度在一般情况下均不易达到，而人体的体温一般为36.5～37℃，因此在实际检修中采用人体体温作为检查指标。如当某人用手握温度传感器时，在线测量电压约为2.17V。

四、温度传感器故障分析

故障现象：空调器制热效果差，风速始终很低。

空调器制热效果差，风速始终很低的故障现象分析见表11-4。

表11-4　空调器制热效果差，风速始终很低的故障现象分析

步　骤	故障分析方向	检查方法	检测说明
1	通过出风栅口的热量判定	摸	开机制热。将手置于出风栅口，感觉风速很低，出风口很热，说明循环系统没有问题，故障出在风速上
2	高低风速是否正常	摸	在制冷和送风模式下，感觉风速可高、低调整，高、低风速明显，说明风速没有问题，故障出在检测电路上
3	室内管温度传感器是否正常	查	用万用表电压档测量室内管温度传感器单元电路至微处理器引脚间的电压，测量电压约为2V，说明室内风扇以微风工作是正常的，故障在室内管温度传感器没有检测到明显的温度变化，可以判断室内管温度传感器特性改变。当更换室内管温度传感器后，故障排除

课题二　空调器遥控器检修

一、空调器遥控器

空调器遥控器分为发射器和接收器。

发射器发射过程是按下遥控发射器的某个按键后，按键信号被送入微处理器进行处理，然后输出信号，经放大后输出至红外线发射二极管，将遥控器所设置的信号发射出去。

遥控器接收器将接收到的遥控信号经过处理后送至微处理器，通过微处理器控制空调器的运转。

二、遥控发射器和接收器好坏的判断

用手机照相功能可以快速检测遥控发射器的好坏。其方法是将遥控器换上可靠的干电池后，再将手机调至摄像功能，用遥控器的发射头对着手机摄像头，在手机屏幕上呈现图 11-4 所示的画面后，按动按键，看屏幕有无反应。若手机屏幕中闪烁的频率很快时，说明遥控器是好的；若发现闪烁很慢时，说明有故障，可能是晶振损坏等；若没有闪光，说明遥控器损坏。若遥控器是好的，再按空调器应急开关，空调器运行正常，说明接收器损坏。

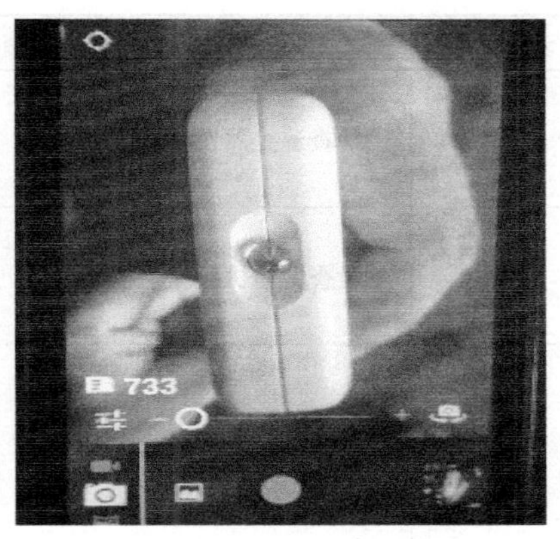

图 11-4　手机检查发射器好坏

除了可以用手机检查遥控器的好坏外，还可以用测直流电流法进行检测判断。其方法是在保证遥控器中的一节干电池负极接触良好、正极与簧片松开的条件下，将万用表档位旋钮调到 25mA 档位，用黑表笔接松开的电池的正极，红表笔接电池座的接触簧片，同时随意按动遥控器上的任意按键。如果万用表指针随着按动过程而摆动，则说明遥控器是好的；如果摆动幅度不大，说明干电池供电不足；如果没有摆动，说明空调器损坏。

接收器的好坏，可以通过用万用表直流电流档在线测量其红外接收头的接地和信号输出脚电压来判断。在按动遥控器的按键时，万用表指针摆动，说明遥控器接收器是好的；万用表指针不动，说明遥控器接收器损坏。

三、遥控器故障分析

1. 遥控发射器检修

故障现象： 某分体式空调器，用遥控器开机，室内机无反应。

某分体式空调器，用遥控器开机，室内机无反应的故障现象分析见表 11-5。

表 11-5　某分体式空调器，用遥控器开机，室内机无反应的故障现象分析

步　骤	故障分析方向	检查方法	检测说明
1	区分故障在遥控器发射器还是在空调器	看	通电试机，室内机有电源指示，但用遥控器开机时，遥控器发射不出信号，遥控器液晶显示缺字；用强制运行开关开机，室内风扇电动机和室外压缩机运转正常，制冷良好，说明故障在遥控器上
2	检测遥控器面板及电池接触簧片	看	打开遥控器后盖，检查电池的“+、-”极片无生锈现象；将遥控器按键板取出，发现遥控器上的电路板和按键触点面导电胶片之间有污物
3		查	用 95% 的酒精清洗污物，等待 3min 后酒精挥发完毕，装好遥控器。用遥控发射器开机，空调器室内风扇电动机和室外压缩机运转正常，制冷良好

2. 遥控器接收器检修

故障现象：当按动空调器遥控器后，空调器不开机。

当按动空调器遥控器后，空调器不开机的故障现象分析见表11-6。

表11-6 当按动空调器遥控器后，空调器不开机的故障现象分析

步骤	故障分析方向	检查方法	检测说明
1	检查遥控器发射器	查	将手机置于照相功能，用遥控器对准手机摄像头，按动遥控器上的任何按键，屏幕有反应，说明遥控器正常，故障在室内机组主控板
2	检查室内机组主控板	查	打开室内机外盖，检查220V输入电源及12V与5V电压均正常，用手动起动空调器，空调器能正常起动并运转，说明主控板无问题，故障部位在遥控器接收器上
3	检测遥控器接收器	查	经检查，发现故障原因在于控制器接收回路上，瓷片电容（103/50V）绝缘电阻偏小，只有几千欧姆，质量好的瓷片电容应该在10 000MΩ以上，说明瓷片电容漏电电流偏大而引起遥控器接收器不能正常接收信号。更换新的103瓷片电容，故障排除

课题三 空调器电源检修

空调器电源电路的方框图如图11-5所示。

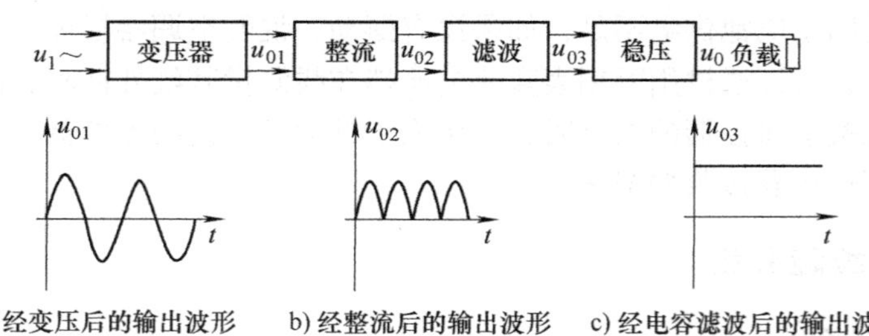

图11-5 空调器电源电路的方框图

在图11-5中，220V交流电 u_1 经过变压器变压后输出电压 u_{01}，再经整流器整流，输出脉动的直流电 u_{02}，经滤波、稳压，输出直流电，为控制板提供电源。如供给微处理器的电源电压为5V，供给贯流电动机的电源电压为12V。

一、电源交流部分检修

图11-6所示为空调器电源电路的交流侧电路。

当空调器接通电源后，用遥控器开机，如果室内、室外机都不运行，且听不到遥控开机时接收红外信号的“嘀—嘀”声，说明电源部分有故障。

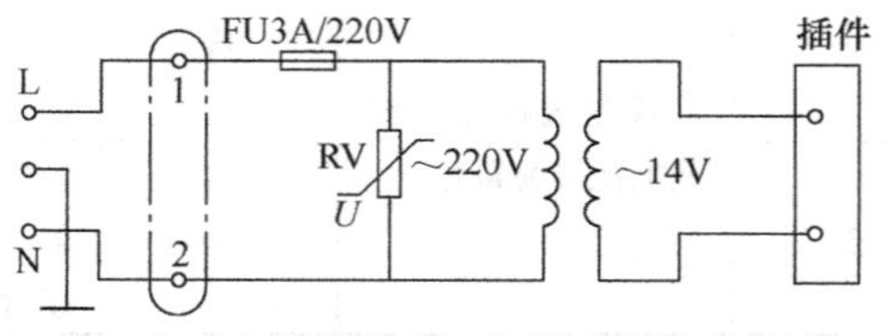

图11-6 空调器电源电路的交流侧电路

首先，对照图11-6电路检测电源插座

L、N端220V交流市电是否正常，如果有电压，再将插头插于插座中；卸下室内机外壳，测量接线端子板1、2端是否有220V交流电压输入，如果没有电压，说明从插头到接线有断路故障，应首先检查插头是否松脱、电线是否折断，如均正常，再检查控制板的FU3A熔丝是否熔断，压敏电阻RV是否击穿；图中压敏电阻RV是由两个二极管对接而成的，在正常工作时具有很大的电阻值，流过它的电流很小。当电源电压超过245V时，压敏电阻值立即由无穷大的电阻值变化为近似零，流过电源熔丝FU3A的电流突然增大，FU3A因电流过大而烧断，从而达到防止后级电路烧坏的目的。当压敏电阻永久性击穿后，应及时更换。

注意：部分空调器的电源变压器内设有内嵌式温度保安器，当线圈温度过高时，空气开关跳开，切断供电，温度保安器从跳开到复位需要3min的时间。因此，必须待3min后才能进行检查。不要盲目更换温度保安器。

故障现象：手动开关机和遥控器开机，均无反应。

手动开关机和遥控器开机，均无反应的故障现象分析见表11-7。

表11-7　手动开关机和遥控器开机，均无反应的故障现象分析

步　骤	故障分析方向	检查方法	检测说明
1	外接供电电源是否正常	查	用万用表交流电压档检查电源供电，有220V输入，排除电源问题，说明故障在空调器的电源电路
2	电源交流供电侧是否正常	查	断电。用万用表电阻档测量电源插头L、N电阻为无穷大，可能熔丝烧坏或变压器烧坏。打开室内机面板检查主板，熔丝良好，当测量变压器时，发现一次绕组断路。更换变压器，试机正常，故障排除

二、电源直流电路检修

根据图11-5可知，直流电路部分是从变压器一次侧开始到直流输出为止的部分电路。对于这部分电路的检修，一般从后往前查，当测量稳定电压不符合要求时，检查整流和滤波电路；如果整流、滤波电路正常，检查交流变压器的好坏，直到查出故障元器件。

综上所述，空调器电源的检修流程如图11-7所示。

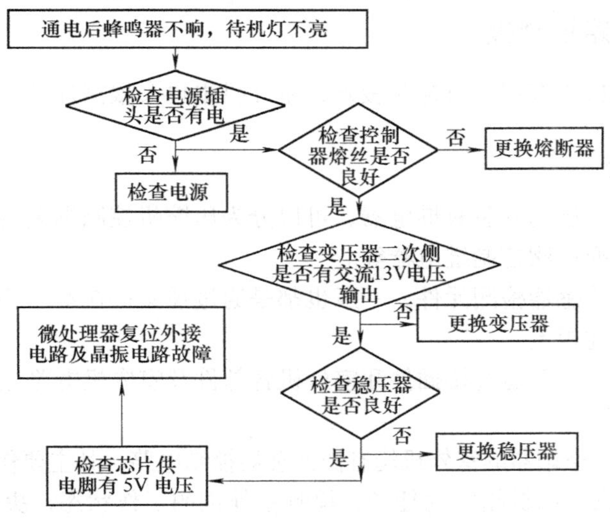

图11-7　空调器电源的检修流程

课题四 空调器控制板检修

空调器控制板分别由电源电路、红外遥控与接收电路、显示电路、执行电路、信号检测电路、振荡电路和复位电路组成，其功能分为延时（3min）、开关、定时、睡眠和自动运行等。

一、室内机电路控制板

一般空调器的电路板都在室内机中，但由于空调器大小及功能的不同，有的空调器室外机也有电路板，有的空调器室内机还有多块电路板，电路板与电路板之间通常都是接插件连接。

1. 单板控制电路

空调器的单板控制电路是空调器电路的主要组成之一，常见于挂机。一般单板控制电路主要包括电源电路、微处理器控制电路、信号驱动电路、风向控制电路和室内风扇电动机控制电路等。

2. 双板控制电路

空调器的双板控制电路由两块电路板组成，一块是控制电路，通常称为控制；另一块是电源电路和信号驱动电路，通常称为电源驱动板。两电路板之间通过多股导线接插件连接，连接线中流过的信号主要是直流电源和控制信号。

3. 遥控接收电路及指示电路

常见的空调器具有遥控接收及指示功能。遥控接收电路及指示电路均集成在一块电路板上，与控制电路板中的若干导线连接。

遥控接收头的作用是接收遥控器发来的信号，转换后送给微处理器。发光二极管一般有红、绿两个或红、绿、黄三个，主要用于指示电源状态、压缩机工作状态及其他相关工作状态等。

二、室外机电路控制板

空调器除了室内机组有室内机控制板外，室外机组也会根据控制电路结构的不同配有室外机电路控制板。

1. 室外机转换板

室外机转换板上一般均安装有继电器，可以分为压缩机控制继电器、室外风扇电动机控制继电器和电磁四通换向阀控制继电器等。

如果室外机存在传感器检测元件，一般也都是通过插头接在本电路板上；如果室外机存在电源电路，也做在此板上。

室外机转换板上的电路通过接插件和室外机各部件及室内机电路进行连接。

2. 室外机控制板

在变频空调器中，空调器的室外机均有微处理器控制电路。其主要作用是与室内机微处理器进行通信联系，完成室内机指定的任务；检测室外机的工作状态，决定室外机是否正常工作，并且通信告诉室内机；控制室外机压缩机、室外风扇电动机、电磁四通换向阀等工作。

3. 室外机化霜电路板

部分空调器室外机有专门的除霜电路板。除霜电路板检测室外管道的温度，经运算放大电路，控制室外机的电磁四通换向阀和室外风扇电动机的状态，达到除霜控制的目的。

4. 三相相序检测板

三相空调器在室外电路都有三相相序检测电路。三相相序检测的作用是防止压缩机反转。三相压缩机的电动机是三相异步电动机，三相电是有相序的，相序颠倒压缩机就反转，引起压缩机损坏，所以要进行压缩机的反转保护。相序检测电路检测三相相序，若相序正常，则空调器能正常工作；若相序颠倒，则空调器进入保护状态，空调器不工作。

三、空调器控制板常见故障与检修

目前，家用空调器的电气控制系统分为强电线路控制系统和弱电线路控制系统两大部分。强电线路控制系统主要是交流 220V 或 380V 供电电路，弱电线路控制系统主要由微型计算机控制系统组成。

空调器电气控制系统的控制主要通过弱电线路系统的微型计算机（CPU）对各种输入信号进行综合分析和运算，输出控制信号，经过放大器放大，然后控制继电器，从而启动强电线路控制系统工作，如接通执行元件（压缩机、风扇电动机、电磁四通换向阀、电加热器等)的电源，则执行元件正常工作。

由此可知，空调器的电气控制系统是控制、保护空调器制冷系统和空气循环系统的装置，除了其本身出现故障外，还有相当一部分故障发生在制冷系统和空气循环系统上，它们产生的症状在电气控制系统上会反映出来。因此，在分析电气控制系统的故障时，不可避免地要涉及制冷系统和空气循环系统的故障问题。

下面以图 11-8 所示 × × KFR－25GW/35GW 空调器电气控制系统电路原理图为例，分析空调器控制电路的检修。

1. 强电线路控制的常见故障与检修

1）能制冷但不能制热。首先检查电磁四通换向阀是否接通电源。若有 220V 交流电，则故障原因可能是电磁四通换向阀损坏；若无 220V 交流电，应检查继电器 J204 是否能吸合。先检查室内温度传感器 TR1 是否失效。将传感器的感温头浸在凉水中，测其电阻值，如果阻值逐渐下降，则说明传感器性能良好。再检查 IC3 的 34 脚是否输出控制信号及 IC3 的 34 脚至 J204 之间的电路。J204 损坏也会造成电磁四通换向阀无 220V 交流电源。

2）冬天制热效果差，无除霜功能。检查室外温度传感器 TR2 是否失效。室外温度传感器 TR2 是一个负温度系数的热敏电阻，当温度在 －15 ~ 35℃变化时，其阻值在 4 ~ 40kΩ 变化。室外温度传感器 TR2 失效会造成空调器室外机无除霜功能，冬天制热效果差。

3）制热一会儿自动停机，过一段时间后能重新开机，但仍重复上述故障。当外电压过低或加入制冷剂过量时，压缩机工作电流将超过额定值，引起过热保护动作。当室内机风扇电动机堵转时，风扇电动机会发热，其热保护 OLP1 动作，切断主控板电源。

4）风扇电动机不转，其他能正常控制。检查运行电容是否击穿、接插件 SP102 接触是否良好、风扇电动机绕组是否断路、风扇叶片是否被卡死。

5）空气压缩机不起动。检查继电器 J207 能否吸合、过载保护器 OLP2 是否保护。若继电器 J207 能吸合，而过载保护器 OLP2 保护，则故障原因是压缩机损坏或制冷系统故障。断

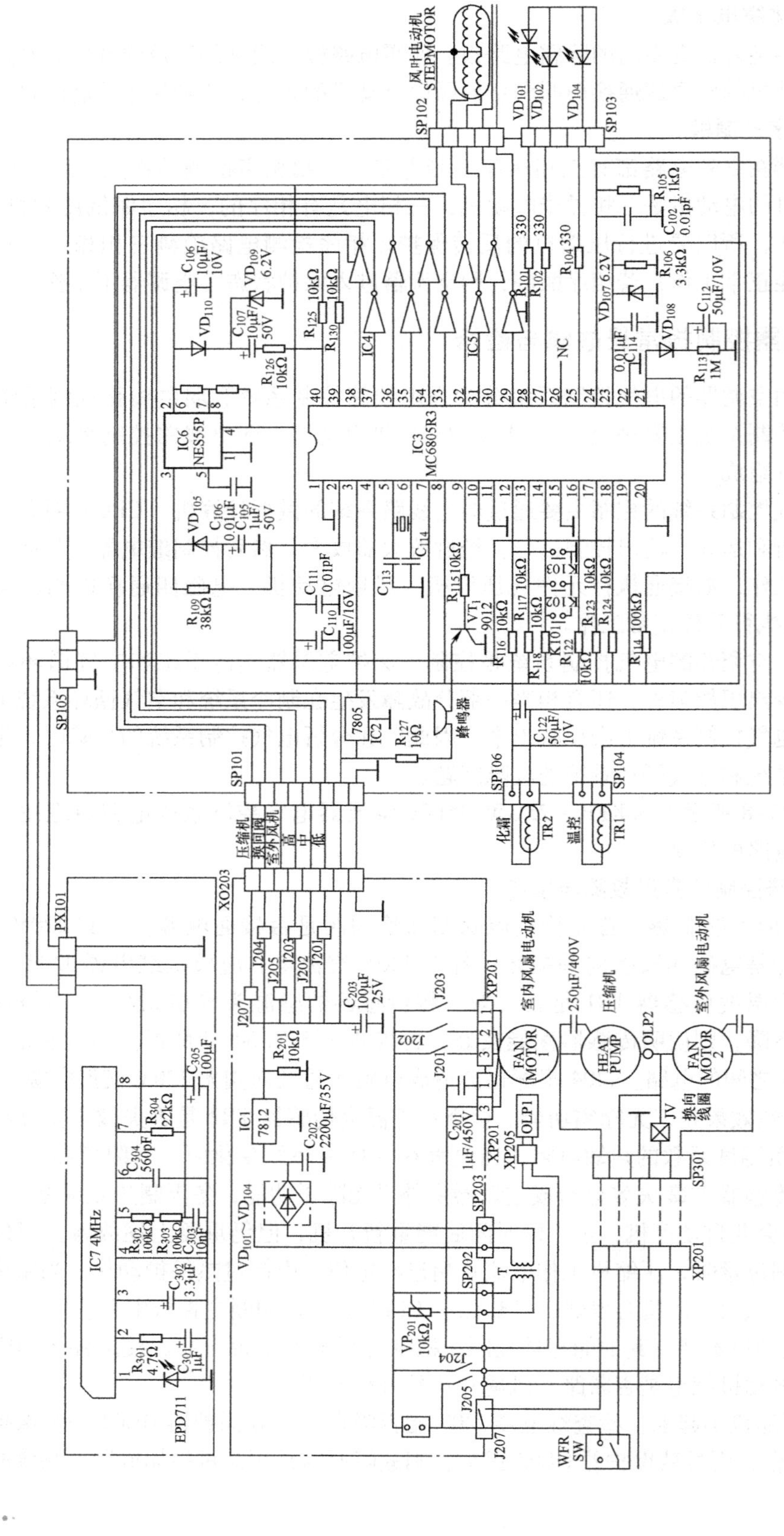

图 11-8　××KFR－25GW/35GW 空调器电气控制系统电路原理图

开压缩机的吸、排气口，让压缩机空载，若仍然出现继电器 J207 能吸合而过载保护器 OLP2 保护的现象，则是压缩机损坏。若断开压缩机的吸、排气口，让压缩机空载，这时压缩机能正常工作，则故障原因是制冷系统堵塞或制冷剂充注过多。

2. 弱电线路控制的常见故障与检修

1）电路能启动。接通电源，按遥控器开关键或空调器的应急键，蜂鸣器无声，风扇电动机均无反应，发光二极管不发光。

先检查电源，特别是 IC3 的 5V 电源，然后再查晶振和复位电路。基本检查方法是首先测 IC1 和 IC2 输出电压是否正常，测量 IC3 的 2 脚复位电压是否正常。再检查晶体振荡器是否正常工作，IC3 的 5 脚和 6 脚外接 4MHz 晶体振荡器可采用替换法检查好坏。

2）连烧熔丝。采取逐一拔去有关接插件的方法分段检查。产生故障的原因有：压敏电阻过压击穿、变压器一次侧或二次侧有匝间短路、电容 C202 短路、室内风扇电动机匝间短路或其电容损坏。

3）遥控失灵，但手动制热或制冷正常。通过故障现象可知，IC3 和各执行电路正常，故障在遥控器发射器或遥控接收器电路。首先更换遥控器发射器电池，若遥控器仍然无发射信号，应检查遥控器电路。查晶体振荡器是否正常（正常时主晶体振荡器频率为 4MHz，子晶体振荡器频率为 32.768kHz），查复位电路是否正常，查晶体管是否损坏。如果它们有问题，都将使液晶不显示、无发射信号输出。再查红外发光二极管是否正常，如果不正常，将导致液晶虽然有显示，但无发射功能。若遥控器工作正常但遥控失灵，应检查接收电路，检查其集成电路各引脚静态电压是否正常，也可更换接收器判断遥控接收电路的好坏。

一、简答题

1. 在空调器中，温度传感器有哪几种？分别安装在什么部位？它们都具有什么作用？
2. 电气控制板是如何分类的？各有哪些种类？
3. 空调器电源检修的步骤有哪些？

二、实践题

找一个空调器遥控器或电视机遥控器，结合所学知识，写出判断其好坏的步骤。

综合实训与考核　空调器电气控制系统检修

小组名称		小组组长	
小组成员			
实训目的	在安全文明活动条件下，了解空调器电气控制系统主要部件作用；根据故障现象，学会判断空调器电气控制系统故障所在部件		
实训器材	不同类型的空调器若干		
实训内容	1）了解空调器电气控制系统检修所用工具、仪器仪表名称和数量 2）收集不同空调器电气控制系统主要部件检修案例		
成员分工	（注：描述成员工作分工及工作职责）		
空调器传感器检修	（注：走访空调器维修服务站，将收集到的空调器传感器检修案例及所使用的工具、仪器仪表等写在A4纸上，然后再粘贴在此处）		
空调器遥控器检修	（注：走访空调器维修服务站，将收集到的空调器遥控器检修案例及所使用的工具、仪器仪表等写在A4纸上，然后再粘贴在此处）		
空调器电源检修	（注：走访空调器维修服务站，将收集到的空调器电源检修案例及所使用的工具、仪器仪表等写在A4纸上，然后再粘贴在此处）		
空调器控制板检修	（注：走访空调器维修服务站，将收集到的空调器控制板检修案例及所使用的工具、仪器仪表等写在A4纸上，然后再粘贴在此处）		
小组自评	年　月　日		
教师评语	签名：　　　　　　　　年　月　日		

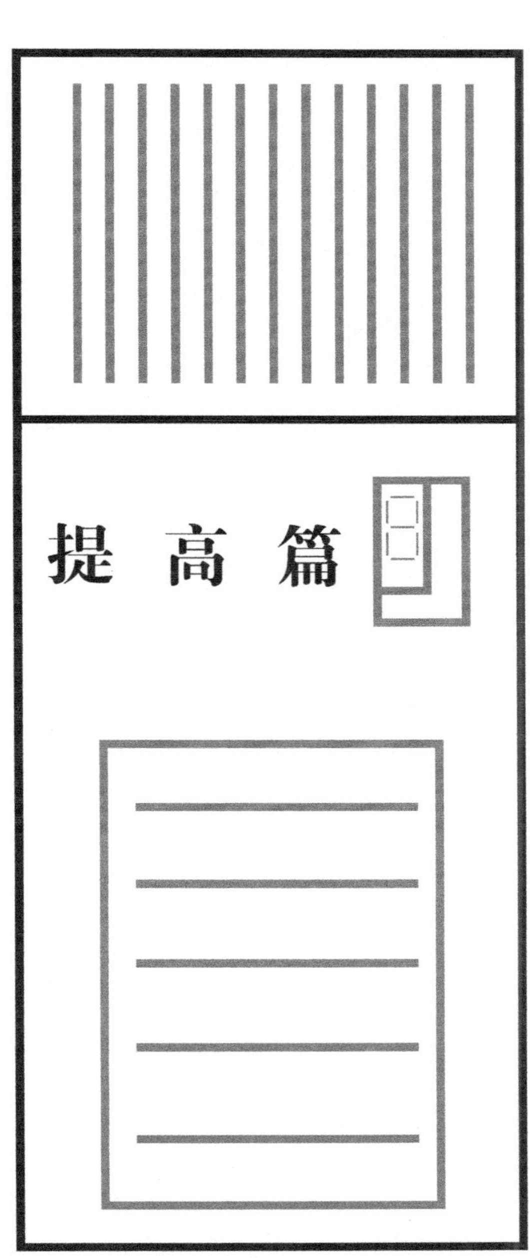
提高篇

单元十二

变频空调器介绍

【内容构架】

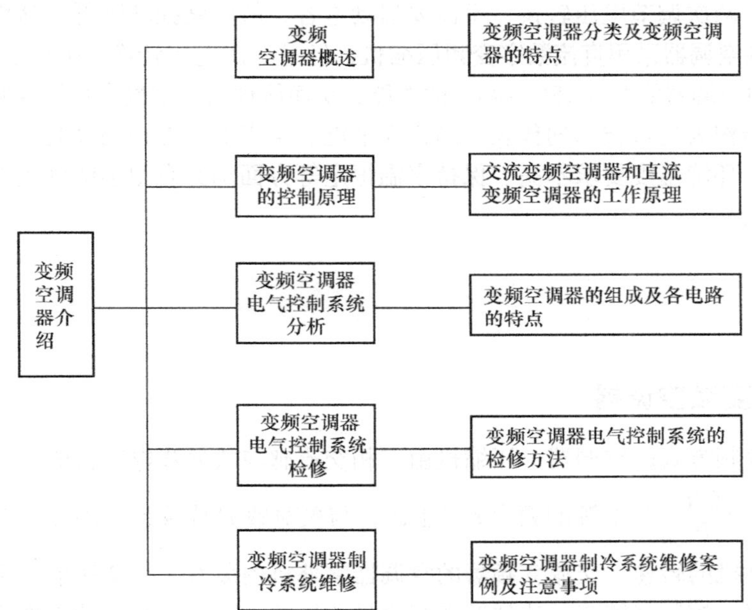

【学习引导】

目的与要求

1）通过对变频空调器电气控制系统部件的介绍，了解变频空调器电气控制系统的组成、结构和作用。

2）要求能够根据使用情况，熟悉变频空调器电气控制系统的检修方法。

3）要求能够熟悉处理不同电气控制系统的各种故障的方法。

重点与难点

重点：变频空调器电气控制系统的分析。

难点：变频空调器电气控制系统的各种故障。

1）熟悉变频器的工作原理。
2）掌握变频空调器的检修方法。
3）会判断和处理变频空调器的常见故障。
4）能识读变频空调器室内、室外微处理器控制板的电路原理图。

课题一　变频空调器概述

变频空调器是在普通空调器的基础上发展起来的。它的基本结构及制冷原理与普通空调器完全相同，所不同的是它选用了变频专用压缩机，增加了变频控制系统，因而变频空调器的主机可以做到自动无级变速，可以根据房间环境温度情况自动提供所需的冷（热）量；当室内温度达到期望值后，空调器将以能够准确保持这一温度的恒定速度运转，实现“不停机运转”，从而保证环境温度的稳定。

变频空调器大体可以分为交流变频空调器和直流变频空调器。交流变频空调器采用交流变频压缩机，经两次调节电压转换，不需要启动电容，故电路损耗降低，从而达到了省电的目的。直流变频空调器采用直流数字变频压缩机，经过一次电压转换，去掉了电路中的铜损，相对于交流变频空调器能节省18%～40%的电能，从而体现出了直流变频技术的优越性。

变频空调器作为先进技术的代表产品，在节能、噪声低、温控精度高、调温速度快、电源电压要求低、环境温度要求不高、保持室温恒定等方面均具有很强的优越性，是将来空调器的发展方向之一。

课题二　变频空调器的控制原理

一、交流变频空调器

采用交流变频方式的空调器，压缩机由三相交流感应式异步电动机驱动，三相交流异步电动机的转速 $n=\frac{60f}{P}$，与电源的频率 f 成正比，与极对数 P 成反比。因此，改变电源的频率就可以改变电动机的转速。交流变频器的空调器室外机内装有一个变频器，用来改变压缩机的供电电源频率，控制其转速，达到调节制冷量的目的。交流变频器的工作原理方框图如图12-1所示，电路原理图如图12-2所示。

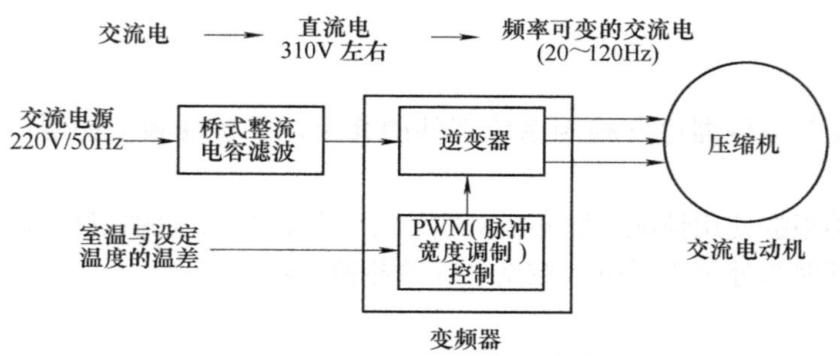

图12-1　交流变频器的工作原理方框图

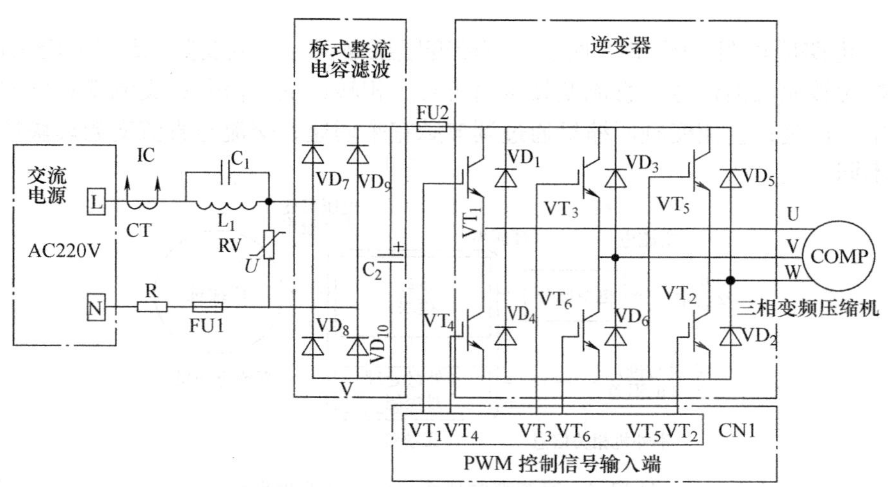

图 12-2 交流变频器的电路原理图

在图 12-2 中，220V、50Hz 交流电由 L、N 进入，经 C_1、L_1 滤波后送入由 VD_7、VD_8、VD_9、VD_{10}构成的桥式整流电路整流，经过 C_2 电容器滤波，将 220V 的交流电转换为 310V 的直流电源，并把它送到由 VT_1 ~ VT_6 构成的逆变器（大功率晶体管开关组合），又称为功率模块，作为其工作电压；根据室温和设定温度的温差，通过微处理器运算，产生一个 PWM 脉冲信号控制信号，送入逆变器 VT_1 ~ VT_6 的基极，控制逆变器 VT_1 ~ VT_6 的工作状态；进而将直流电转变为频率可调的三相交流电（合成波形近似正弦波），驱动变频压缩机运转，使压缩机电动机的转速随合成的三相交流电频率的变化做相应的变化，从而调节制冷(热)量。

二、直流变频空调器

把采用无刷直流电动机作为压缩机电动机的空调器称为直流变频空调器（“直流变频”是俗称，是商业上的习惯叫法，正规的名称应为“永磁式转子三相交流电动机”）。直流变频空调器关键在于采用了无刷直流电动机作为压缩机电动机，这种电动机的定子绕组为四极三相结构，转子为四极磁化的永久磁铁。当施加在电动机上的脉宽增加时，转速加快；反之，脉宽变窄时，转速下降。直流变频压缩机的结构如图 12-3 所示，其工作原理框图如图

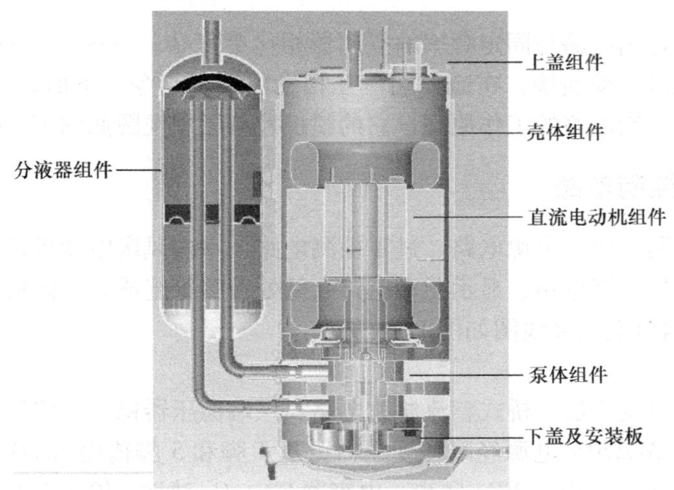

图 12-3 直流变频压缩机的结构

12-4 所示，电路原理图如图 12-5 所示。直流变频压缩机与交流变频压缩机的区别是：交流变频压缩机无转速反馈信号，直流变频压缩机有三相转速反馈信号；交流变频压缩机通过调节电源频率来调速；直流变频压缩机通过调节脉宽来调速，交流与直流变频模块控制信号的输入方式不同。

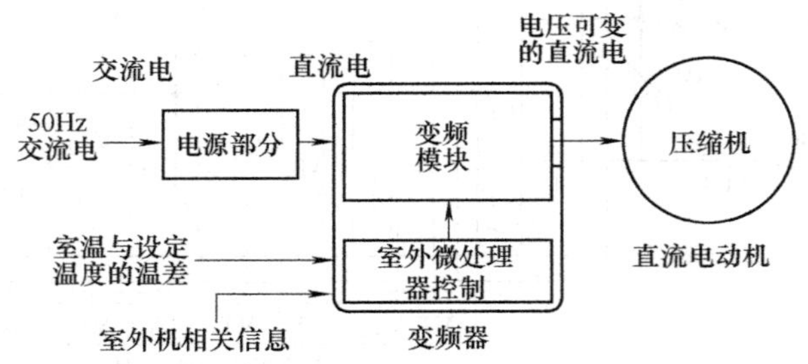

图 12-4　直流变频压缩机的工作原理框图

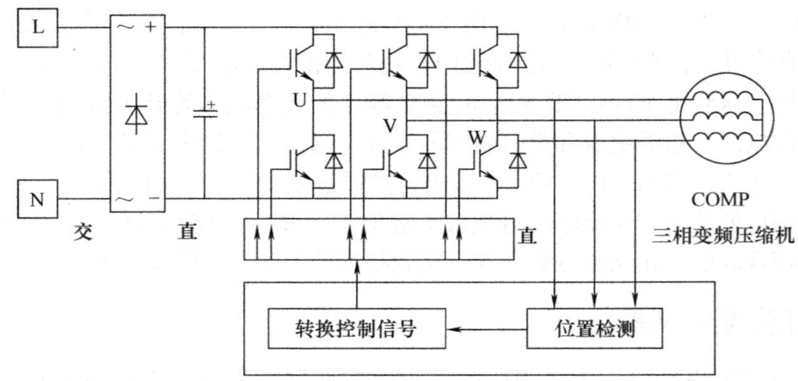

图 12-5　直流变频压缩机的电路原理图

课题三　变频空调器电气控制系统分析

变频空调器的控制电路与固定频率的空调器相比更复杂，室内机和室外机都有控制板，两块控制板之间通过电缆连接，在通信端口互相发出控制指令。下面以 KFR－3601GW/BP 空调为例，分析其控制电路的工作原理，它的整机控制原理框图如图 12-6 所示。

一、室内机控制电路

室内机控制电路主要由电源电路、过零检测电路、室内风扇电动机控制电路、温度传感器电路、步进电动机控制电路、显示驱动电路、微处理器等组成。室内机控制电路原理图如图 12-7 所示，室内机电气接线图如图 12-8 所示。

1. 电源电路

电源电路由降压变压器、桥式整流滤波电路、三端稳压器稳压电路等构成，其电路原理图如图 12-9 所示。AC220V 电源经降压变压器，从 4 脚和 5 脚输出 AC9V，经二极管 VD_{02}、VD_{08} ~ VD_{10}桥式整流，二极管 VD_{07}隔离，电容器 C_{08}、C_{11}滤波，输出 12V 直流电源电压，该

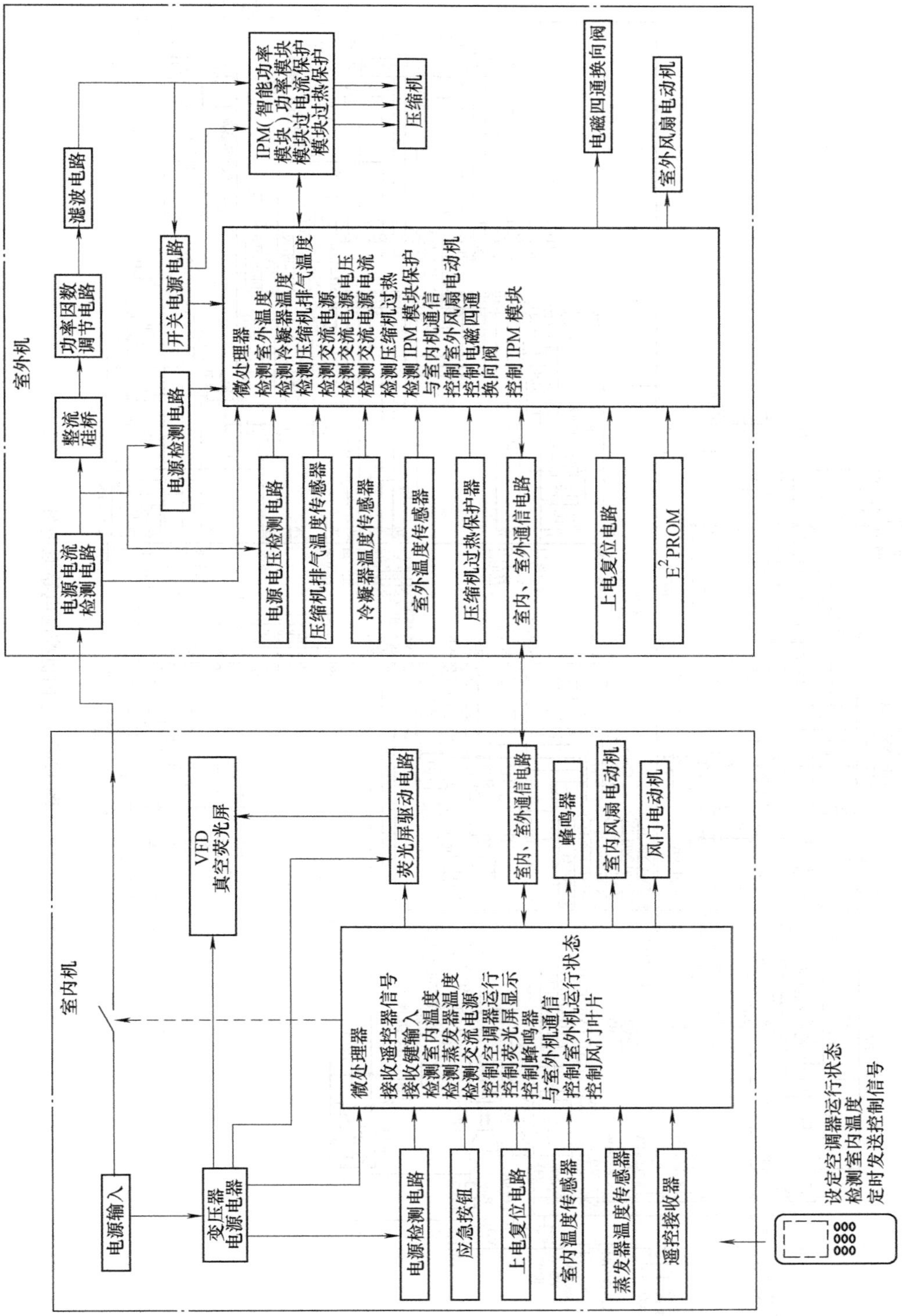

图 12-6　整机控制原理框图

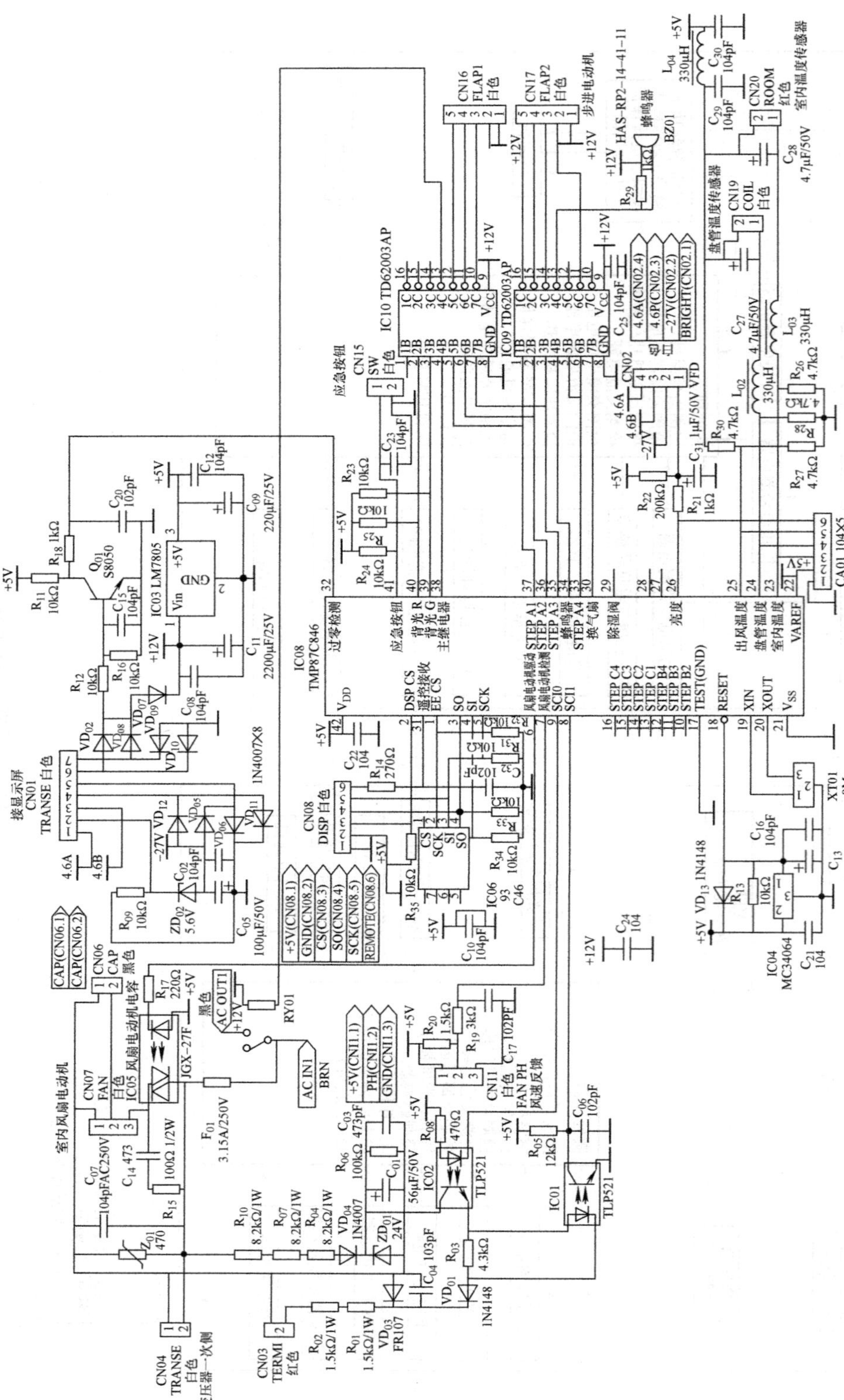

图 12-7　室内机控制电路原理图

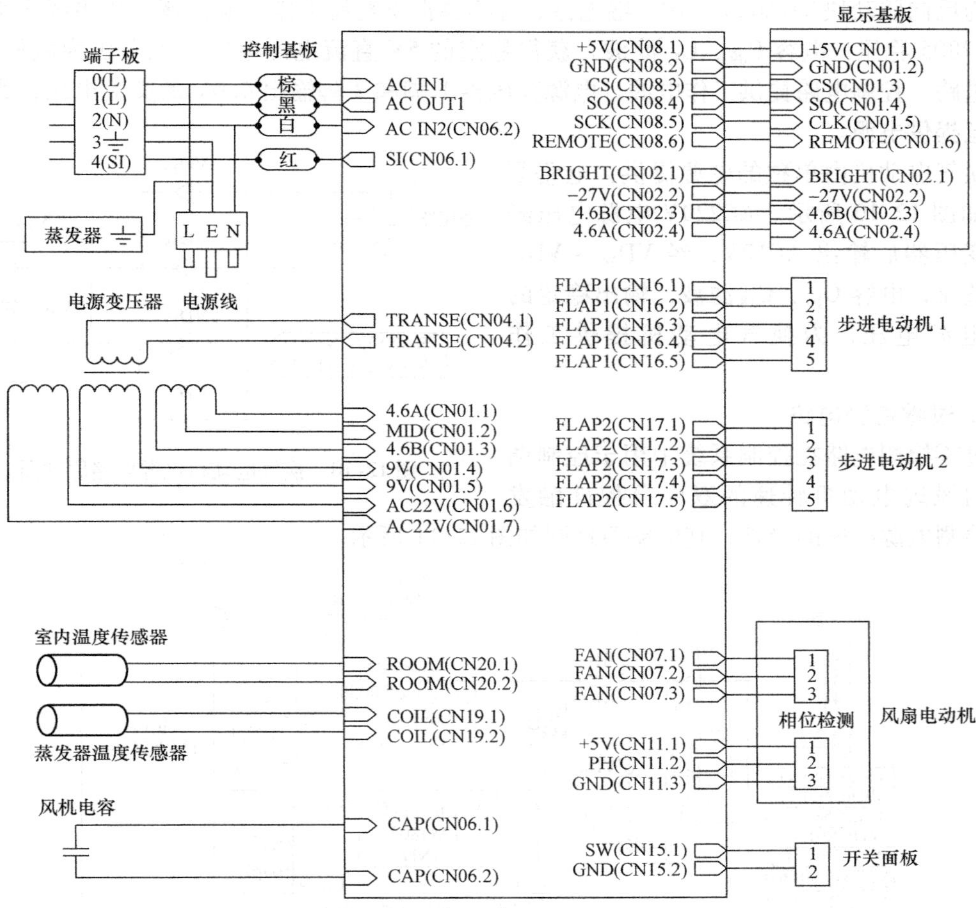

图 12-8　室内机电气接线图

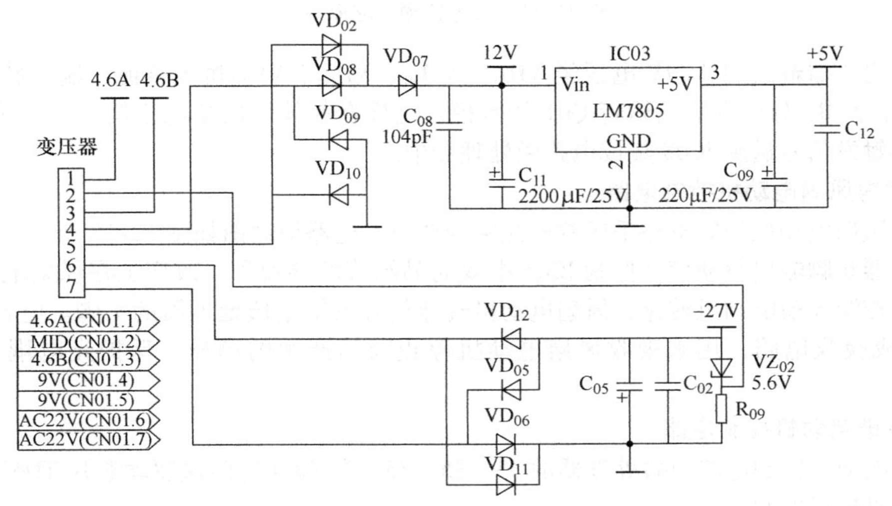

图 12-9　电源电路原理图

电压为反向驱动块 TDA62003AP、继电器、蜂鸣器提供直流工作电源；该电压再经三端稳压块 LM7805 稳压，电容 C_{09}、C_{12}滤波，获得稳定的 5V 直流电源电压，该电压为微处理器、检测电路、控制电路提供工作电源。电源变压器 1 脚和 2 脚输出 4.6V 的交流电压，为显示屏灯丝提供电源。

换气电动机由单独的电源提供，电路原理图如图 12-10 所示。AC220V 电源电压经降压变压器后输出 AC12V，经 VD_{14} ~ VD_{17}桥式整流，电容 C_{19}、C_{18}滤波，输出稳定的直流电源电压，为换气电动机提供工作电源。

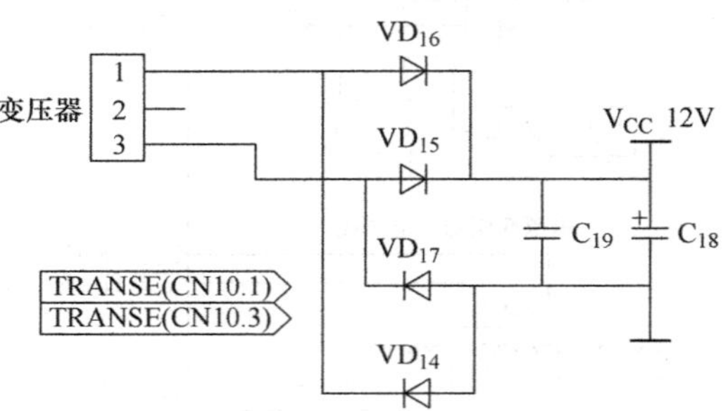

图 12-10　换气电动机电源电路原理图

2. 过零检测电路

过零检测电路在控制系统中用于控制调节室内风扇电动机转速的双向可控硅触发器，检测电源电压的异常，其电路原理图如图 12-11 所示。

图 12-11　过零检测电路原理图

电源变压器输出的 AC9V 电压经 VD_{02}、VD_{08}、VD_{09}、VD_{10}桥式整流，输出脉动的直流电，经 R_{12}和 R_{16}分压供给晶体管 Q01 的基极，这样在晶体管的集电极输出一个方波信号，作为过零触发信号送到 IC08 集成电路微处理器中。

3. 室内风扇电动机控制电路

室内风扇电动机控制电路采用双向晶闸管调速，电路原理图如图 12-12 所示，室内控制板微处理器 6 脚输出驱动信号控制 IC05 中双向晶闸管的导通角，改变加在风扇电动机两端的电压，控制风扇电动机转速，风扇电动机转速信号反馈给微处理器的 7 脚。电容 C_{14}和电阻 R_{15}构成吸收电路，用来吸收风扇电动机停止瞬间产生的高压，保护光电耦合器不被击穿。

4. 步进电动机控制电路

步进电动机控制电路由微处理器的 33、35、36、37 脚通过两块驱动芯片 TD62003AP 对步进电动机进行控制。

5. 换气功能

为了保持室内空气的清新，预防空调病，该空调设计了换气功能，可通过风扇电动机向

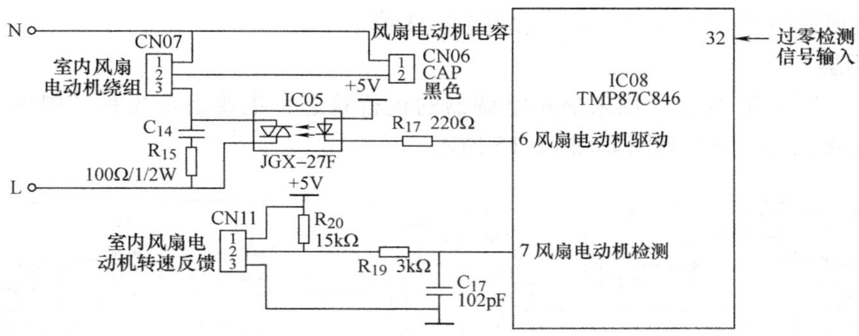

图 12-12　室内风机控制电路原理图

室外排气，进行空气交换，换气电路原理图如图 12-13 所示。微处理器的 30 脚输出一个高低电平加至反向驱动块 TD62003AP 的 7 脚，从 TD62003AP 的 10 脚输出信号，控制换气电动机的运行与停止。当 TD62003AP 的 10 脚为高电平时，换气扇停止工作。

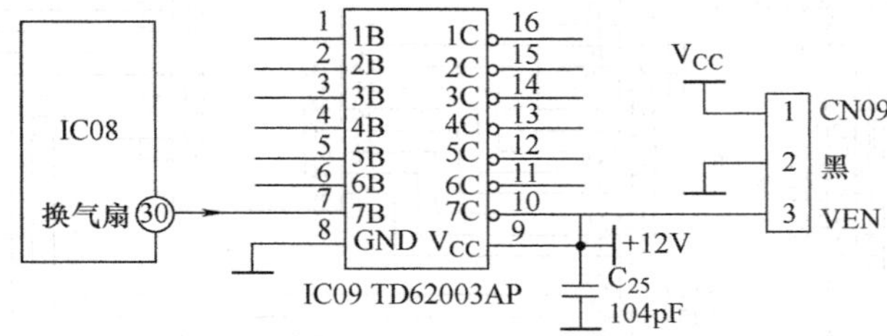

图 12-13　换气电路原理图

6. E^2PROM 电路、显示屏信号传输电路以及遥控接收电路

E^2PROM 内部储存着风速、显示屏亮度、变频值、温度保护值等参数，如果 E^2PROM 有问题，将导致空调运行紊乱或者不能开机。其电路原理图如图 12-14 所示。

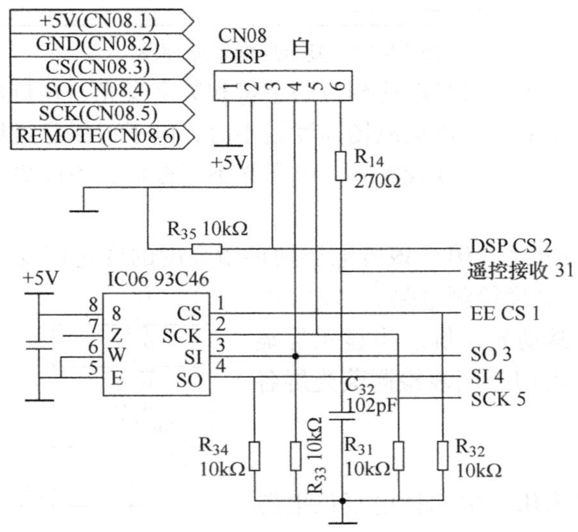

图 12-14　E^2PROM 电路、显示屏信号传输电路以及遥控接收电路原理图

E^2PROM 和显示屏数据传输共有两条数据线 SI 和 SO，另外一条为时钟线 SCK。E^2PROM电路和显示屏分别通过 EE CS1 和 DSP CS2 选择信号。遥控器通过显示屏上的光敏

接收头接收遥控信号，经 R_{14} 输入微处理器的 31 脚。

7. 显示屏

显示屏采用 VFD 显示，用来显示空调器的运行状态，主要由荧光粉、栅极、灯丝以及控制电路组成，其电路原理图如图 12-15 所示。

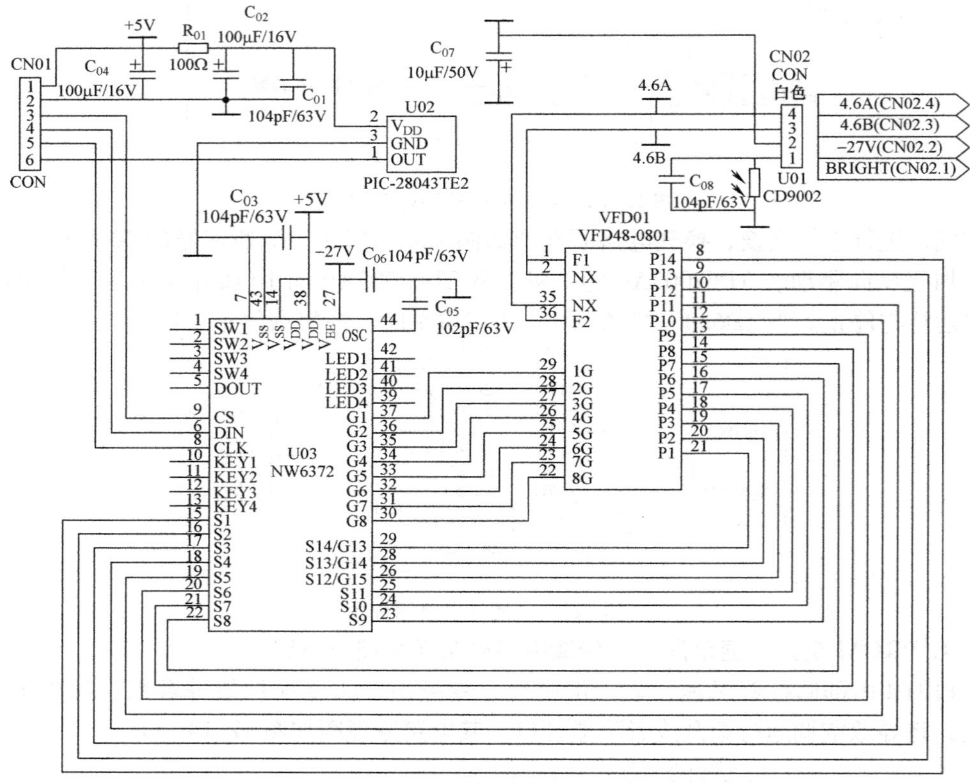

图 12-15　显示屏电路原理图

灯丝用于发射电子，轰击荧光粉使相应的字符和数字发光，在灯丝和荧光粉之间有一个栅极，用来控制电子的发射。当栅极磁场强度较小时，电子可以穿过栅极轰击荧光粉，使相应的字符和数字点亮；当磁场强度较大时，电子穿不过栅极，不能轰击荧光粉，则相应的字符和数字不能点亮。

CN02 的 1 脚连接光敏管 U01，该脚电压随环境亮度的变化而变化，最终送入微处理器的 26 脚，构成了显示屏亮度检测电路。芯片 U03 NW6372 专门用于译码驱动显示屏。当显示屏显示不全或不能显示时，需用万用表检测荧光屏各种供电电压是否正常。

8. 复位电路

该机室内控制电路采用上电和掉电复位电路组成。上电复位电路由 R_{13} 和 C_{13} 组成，掉电检测复位电路由集成电路 MC34064 和外围元件构成，如图 12-16 所示。它们可以实现低电平复位，以及电压异常或受到干扰时，给微处理器提供

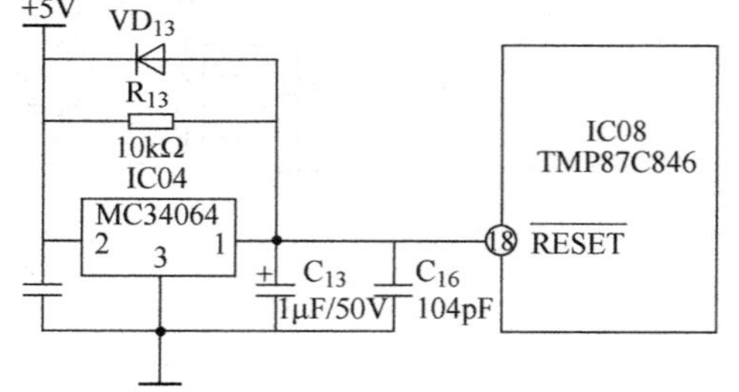

图 12-16　复位电路

复位信号。

当初次上电时，5V 直流电压通过电阻 R_{13} 给电容 C_{13} 充电，电容相当于短路，实现低电平复位，当电容 C_{13} 充电结束时，正极为高电位，单片机复位结束。当直流电源 5V 电压低于 4.5V 时，集成块 MC34064 的 1 脚输出低电平，单片机重新复位。

二、室外机控制电路

室外机控制电路由开关电源、通信电路、软启动电路、温度传感器电路、电流检测电路、电压检测电路、功率模块驱动电路、室外风机电磁四通换向阀控制电路等组成。室外机电气控制电路原理图如图 12-17 所示，电气接线图如图 12-18 所示。

1. 开关电源

开关电源主要提供功率模块使用的 4 路 15V 直流电压、继电器和反向驱动模块使用的 12V 直流电压、微处理器及其他电路使用的 5V 直流电压。

图 12-19 所示为开关电源的电路原理图。本电路为自激式开关电源，稳压方式采用脉宽调制，晶体管 VT_1 为电源开关管，电阻 R_{13}、R_{14}、R_{22}、稳压管 VZ_{02}、R_{19} 构成电源开关管的启动电路，开关变压器反馈绕组 10、11 及 C_{18}、R_{20} 等构成正反馈电路，电容 C_{09}、电阻 R_{27} 和二极管 VD_{13} 构成吸收电路，用于保护晶体管 VT_1。开关变压器反馈绕组 10、11 及二极管 VD_{12}、电容 C_{17} 等构成稳压电路。

开关电源输出直流电压的大小正比于开关管的导通时间，反比于开关脉冲的振荡周期。

接通电源，220V 交流电经整流、滤波输出的 310V 左右的直流电压，一路经开关变压器的一次绕组加至开关管的 C 极，另一路经启动电路加至开关管的 B 极，使开关管导通，同时反馈绕组 10、11 产生正反馈电压，经 C_{18}、R_{20} 加至开关管 B 极，使开关管 VT_1 很快饱和，饱和后集电极电流线性增长，反馈电压不再变化，开关管很快由饱和状态进入放大状态，集电极电流不再增加，反馈绕组产生反向电压，使开关管很快截止，如此反复，进入自激振荡状态。

在开关管截止期间，反馈绕组产生反向电压使 VD_{12} 导通，给电容器 C_{17} 充电，该电压相对于开关管发射结为反向电压。当输出电压升高时，C_{17} 两端的电压也升高，使开关管截止时间延长，相当于增加了开关脉冲的振荡周期，从而使输出电压下降。

2. 电压检测电路

电压检测电路用于检测供电电压是否异常，用于保护空调器不致因电压异常而影响使用，甚至烧坏空调器。当出现过电压或欠电压时，空调器会自动显示故障码并进行保护。

电压检测电路如图 12-20 所示，交流 220V 电压经变压器降压，再经二极管 VD_{08} ~ VD_{11} 构成的桥式整流电路整流、电容 C_{10} 滤波，输出的直流电压通过电阻器 R_{33} 送入微处理器的 62 脚，并由微处理器进行检测。二极管 VD_{14} 为钳位二极管，将该电压钳制为 5V，用于保护微处理器不致因输入电压过高而损坏。

3. 电流检测电路

电流检测电路通过检测压缩机的工作电流来保护压缩机不致因过电流而损坏，其电路原理图如图 12-21 所示。当压缩机工作时，如果工作电流过大，电流互感器 CT01 二次侧将感应出较高电压，经二极管 VD_{01} ~ VD_{04} 整流，输出正比于压缩机工作电流的直流电压，通过 R_{12}、R_{17}、R_{16} 分压，VD_{07} 隔离，加至微处理器的 61 脚。二极管 VD_{15} 为钳位二极管，将该电压钳制为 5V。电阻 R_{32} 为限流电阻。

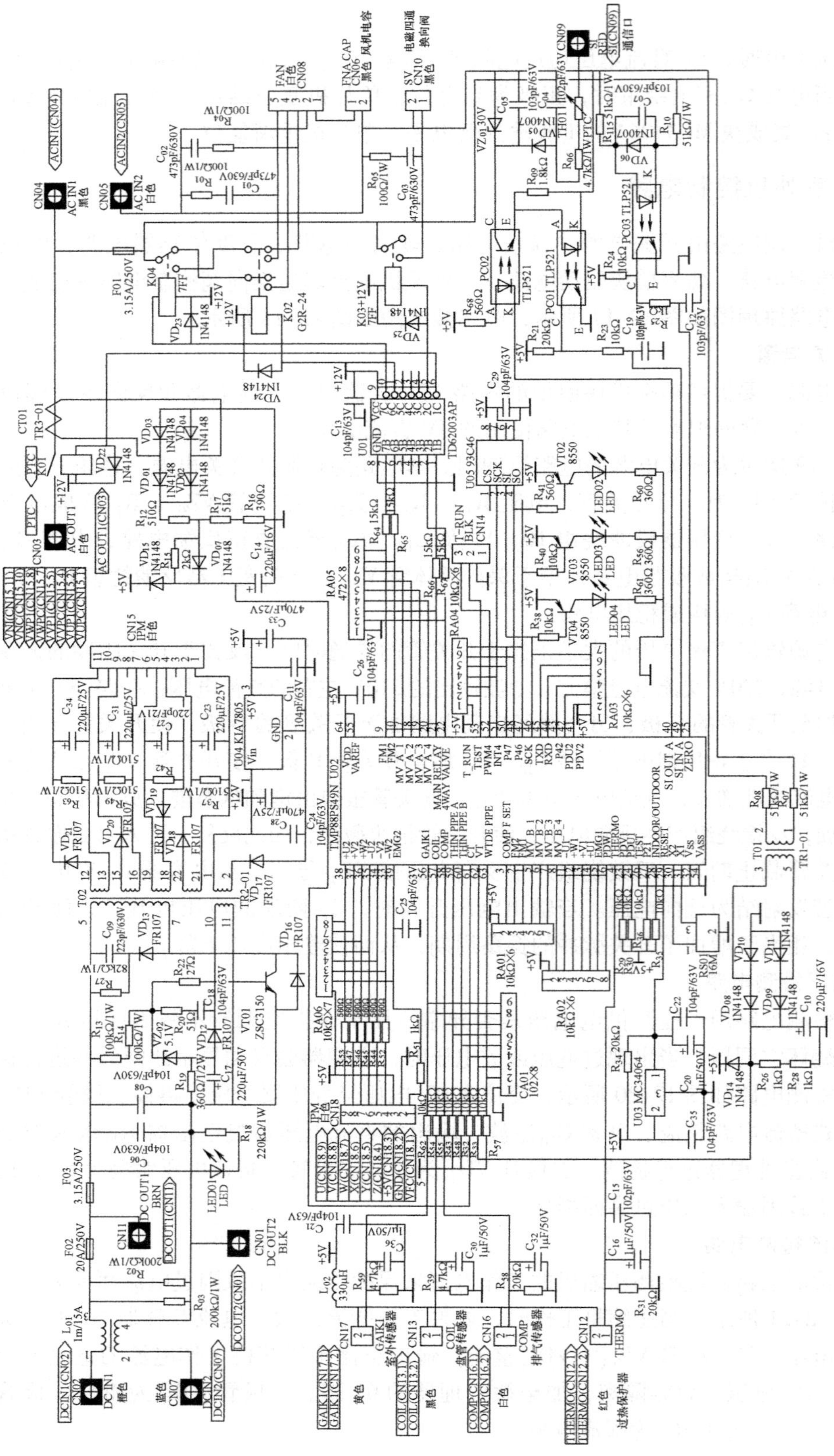

图 12-17 室外机电气控制电路原理图

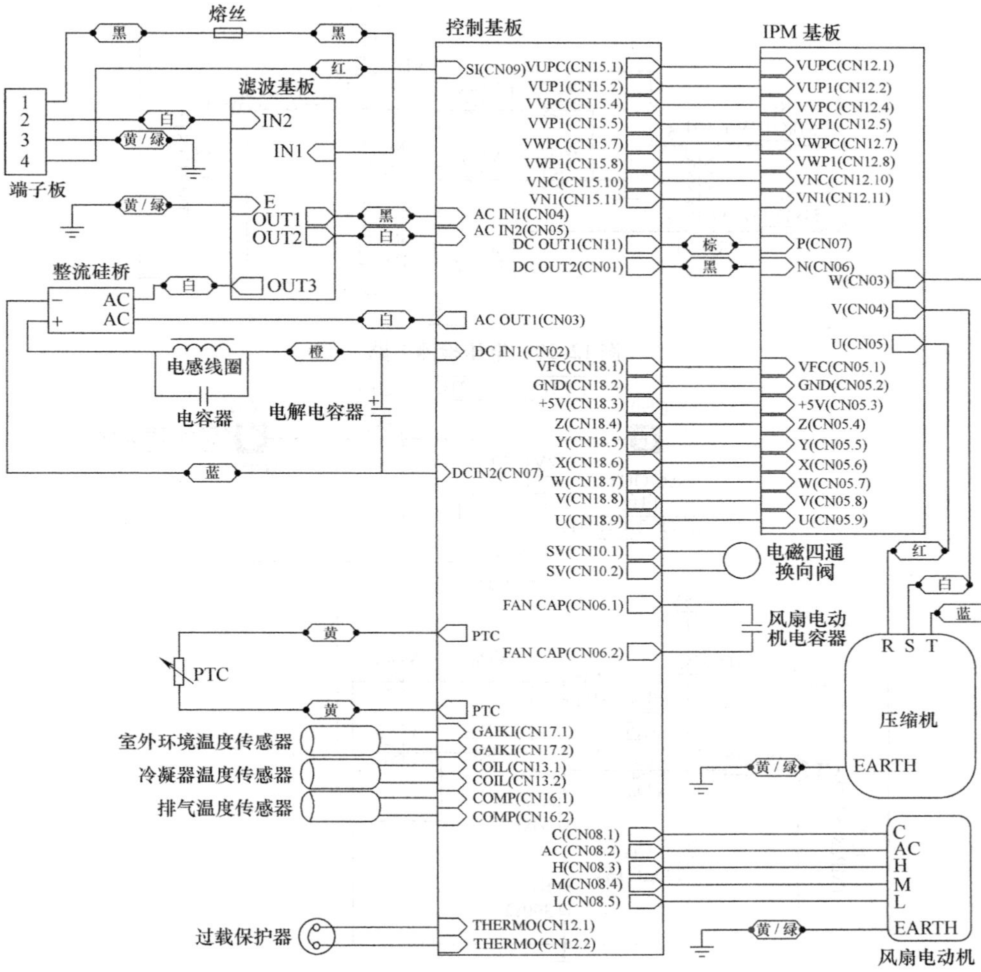

熔丝
黑
黑
红
控制基板
IPM 基板
1
2
3
4
端子板
白
黄/绿
滤波基板
IN2
IN1
黄/绿
E
OUT1
OUT2
黑
白
整流硅桥
AC
AC
白
OUT3
白
电感线圈
橙
电容器
电解电容器
蓝
SI(CN09)
VUPC(CN15.1)
VUP1(CN15.2)
VVPC(CN15.4)
VVP1(CN15.5)
VWPC(CN15.7)
VWP1(CN15.8)
VNC(CN15.10)
VN1(CN15.11)
AC IN1(CN04)
AC IN2(CN05)
DC OUT1(CN11)
DC OUT2(CN01)
AC OUT1(CN03)
DC IN1(CN02)
VFC(CN18.1)
GND(CN18.2)
+5V(CN18.3)
Z(CN18.4)
Y(CN18.5)
X(CN18.6)
DCIN2(CN07)
W(CN18.7)
V(CN18.8)
U(CN18.9)
SV(CN10.1)
SV(CN10.2)
FAN CAP(CN06.1)
PTC
FAN CAP(CN06.2)
PTC
GAIKI(CN17.1)
GAIKI(CN17.2)
COIL(CN13.1)
COIL(CN13.2)
COMP(CN16.1)
COMP(CN16.2)
C(CN08.1)
AC(CN08.2)
H(CN08.3)
M(CN08.4)
L(CN08.5)
THERMO(CN12.1)
THERMO(CN12.2)
VUPC(CN12.1)
VUP1(CN12.2)
VVPC(CN12.4)
VVP1(CN12.5)
VWPC(CN12.7)
VWP1(CN12.8)
VNC(CN12.10)
VN1(CN12.11)
棕
P(CN07)
黑
N(CN06)
W(CN03)
V(CN04)
U(CN05)
VFC(CN05.1)
GND(CN05.2)
+5V(CN05.3)
Z(CN05.4)
Y(CN05.5)
X(CN05.6)
W(CN05.7)
V(CN05.8)
U(CN05.9)
电磁四通换向阀
红
白
蓝
风扇电动机电容器
R S T
压缩机
黄/绿
EARTH
黄
PTC
黄
室外环境温度传感器
冷凝器温度传感器
排气温度传感器
C
AC
H
M
L
EARTH
黄/绿
风扇电动机
过载保护器

图 12-18 室外机电气接线图

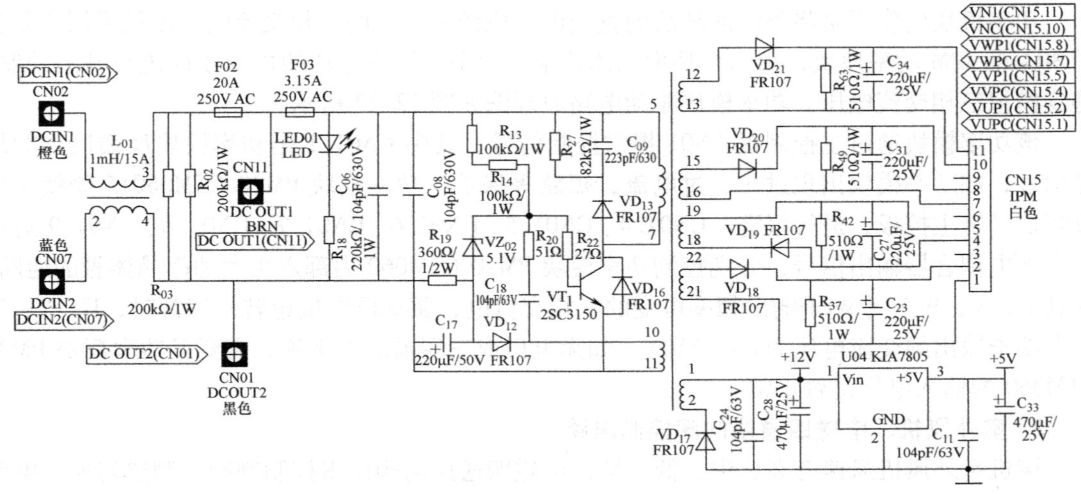

图 12-19 开关电源的电路原理图

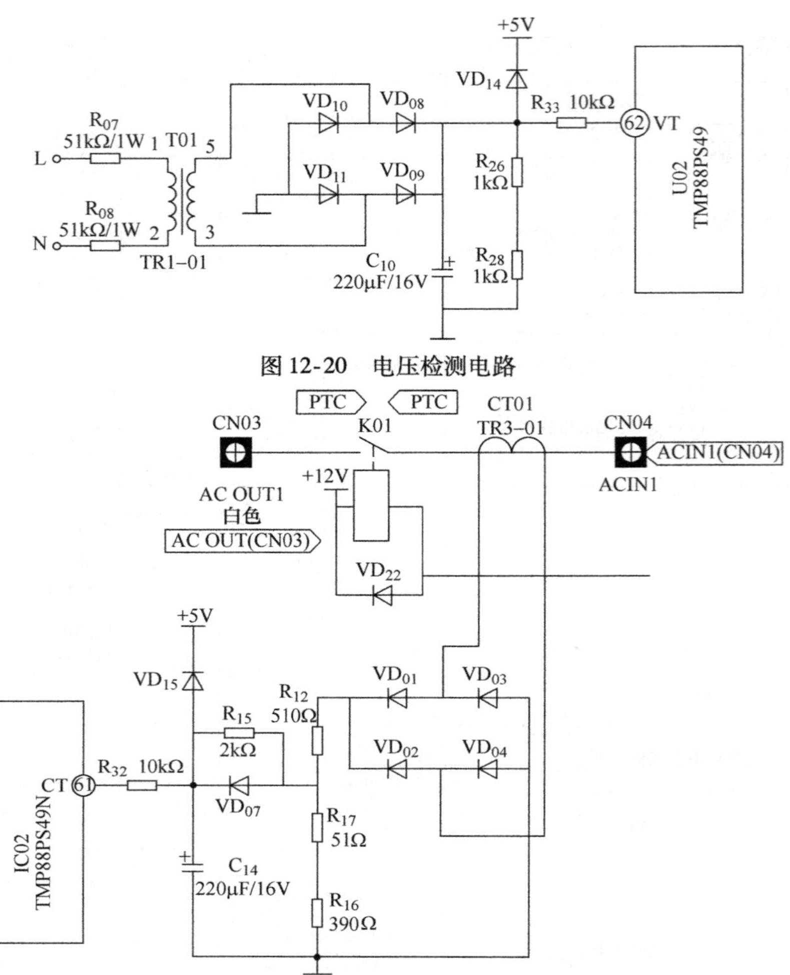

图 12-20 电压检测电路

图 12-21 电流检测电路原理图

4. 功率模块驱动电路

功率模块的作用是将整流滤波后的直流电变成频率可变的三相交流电。该机采用三菱公司 30A 的 IPM 功率模块，由六个功率晶体管根据微型计算机芯片的指令依次进行开关控制，得到模拟三相交流电压。功率模块驱动电路原理图如图 12-22 所示。

该功率模块通过主控制板 CN01 提供控制信号，其中 CN01. 1 是功率模块反馈回来的故障信号，如功率模块出现过热、过电流、短路等保护，功率模块 PM20 CTM06015 脚就输出故障信号给主控板，进行报警。CN01. 4、CN01. 5、CN01. 6、CN01. 7、CN01. 8、CN01. 9 通过六个光电耦合器输出信号，分别控制功率模块 PM20 CTM060 内部六个大功率晶体管的通断，从其 U、V、W 三个端子输出频率可变的三相交流电，驱动压缩机运转。正常时，U、V、W 三个端子输出的交流电压为 60～150V，如无电压或三端电压不平衡，需测量功率模块 PM20 CTM060 的输入电压是否正常。

5. 室外风机、电磁四通换向阀控制电路

该机室外风机风速有高、中、低三档，电磁四通换向阀用来控制制冷、制热转换，电路原理图如图 12-23 所示。

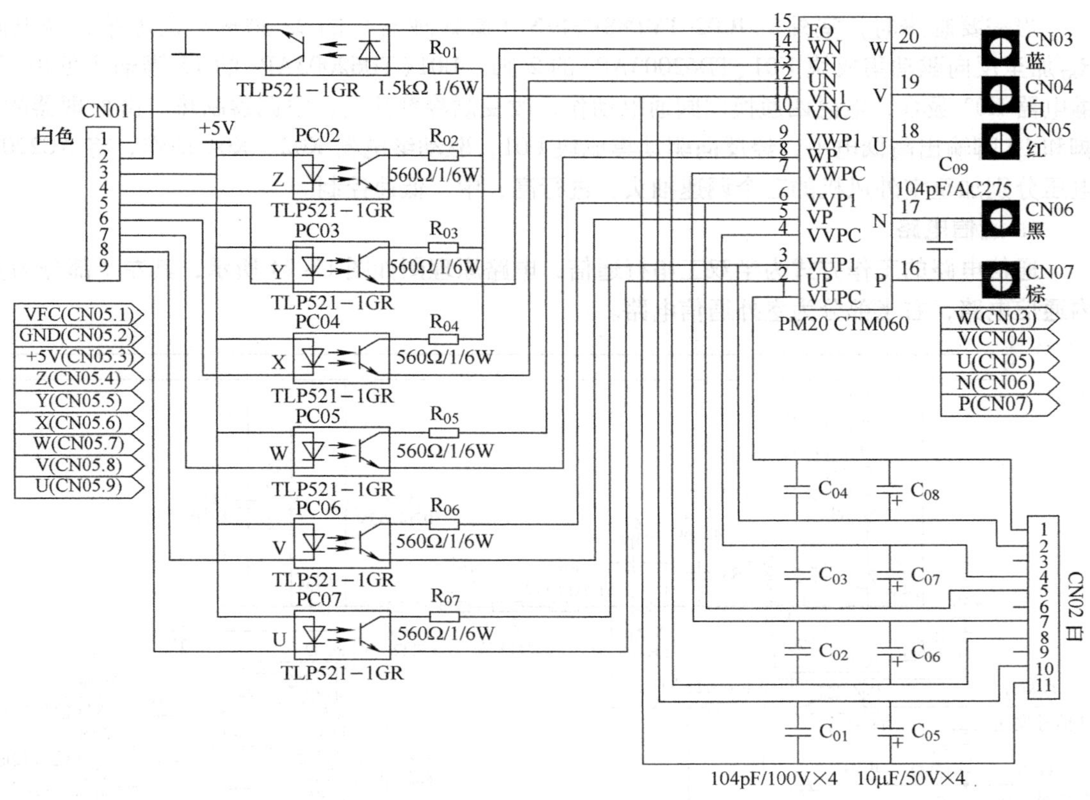

图 12-22　功率模块驱动电路原理图

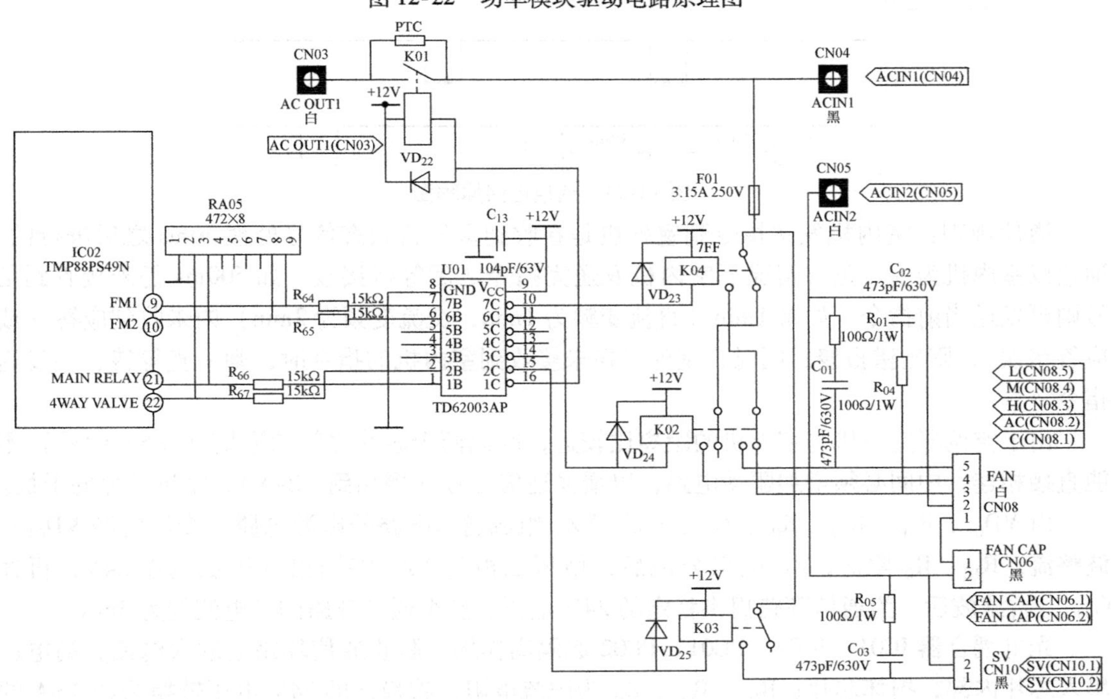

图 12-23　室外风机、电磁四通换向阀控制电路原理图

当需要制热时，室外机 IC02 TMP88PS49N（微处理器）的 22 脚输出高电平，经电阻 R_{67}加至反向驱动集成块 U01（TD62003AP）的 2 脚。U01（TD62003AP）的 15 脚输出低电平，继电器 K03 吸合，电磁四通换向阀通电动作，改变制冷剂流向，空调器制热。微处理器的 9 脚和 10 脚输出高低电平，经反向驱动集成块 U01，驱动继电器 K02、K04 动作，将 AC220V 电压分别加至室外风机的三个调速抽头，进行高、中、低速控制。

6. 通信电路

通信电路的工作方式为半双工串行通信，电路原理图如图 12-24 所示，其左半部分为室内通信电路，右半部分为室外通信电路。

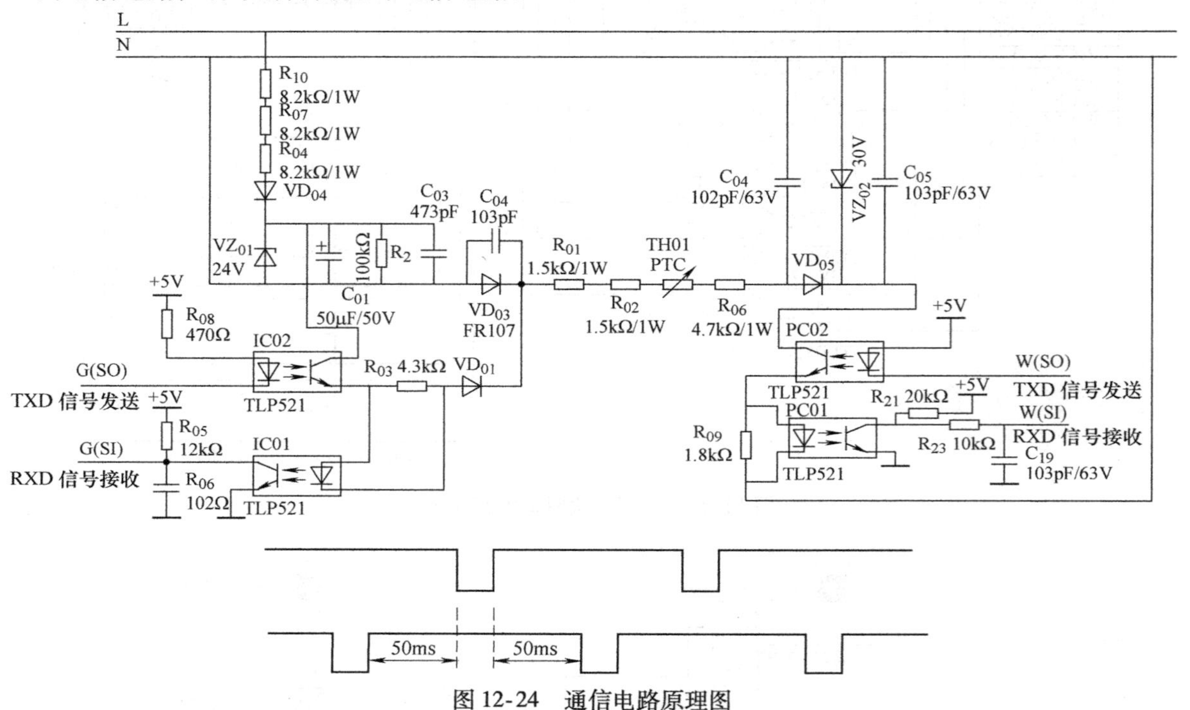

图 12-24　通信电路原理图

通信规则：室内机发送指令到室外机是在收到室外机状态信号处理 50ms 之后进行的，通信以室内机为主。正常情况下室内机发送完指令之后等待接收，如 500ms 仍未接收到信号则再发送当前指令，如果 1min（直流变频为 1min，交流变频为 2min）内未收到应答（或应答错误），则出错报警；同时，室外机在未接收到室内机的指令时，则一直等待，不发送指令。

由于空调器室内机与室外机的距离比较远，因此两个芯片之间的通信（+5V 信号）不能直接相连，中间必须增加驱动电路，以增强通信信号（增加到 +24V），抵抗外界的干扰。

由 VD_{04}、R_{10}、R_{07}、R_{04}、C_{01}、C_{03}、VZ_{01}组成通信电路的电源电路。交流电经 VD_{04}半波整流，R_{10}、R_{07}限流，R_{06}电阻分流后，稳压二极管 VZ_{01}将输出电压稳定在 24V，再经 C_{03}、C_{01}滤波后，为通信环路提供稳定的 24V 电压，整个通信环路的环电流约为 3mA。

光电耦合器 IC01、IC02、PC01、PC02 起隔离作用，防止通信环路上的大电流、高电压串入芯片内部，损坏芯片；R_{01}、R_{02}、R_{03}为限流电阻，将稳定的 24V 电压转换为约 3mA 的环路电流；R_{23}电阻用于分流，保护光电耦合器；VD_{01}、VD_{03}防止 L、N 反接，保护光电耦合器。

当通信处于室内机发送、室外机接收时，室外机 TXD 置高电平，室外机发送指令到光电耦合器 PC02，PC02 始终导通。若室内机 TXD 发送高电平，室内机发送指令到光电耦合器 IC02，促使 IC02 导通，通信环路闭合，接收光电耦合器 IC01、PC01 导通，室外 RXD 接收高电平。若室内机 TXD 发送低电平，室内发送指令到光电耦合器 IC02，促使 IC02 截止，通信环路断开，接收光电耦合器 IC01、PC01 截止，室外 RXD 接收低电平，从而实现了通信信号由室内向室外的传输。同理，可分析通信信号由室外向室内的传输过程。

7. 软启动电路

PTC、RY01 组成软启动电路（也称为延时防瞬间大电流电路）。正常温度下 PTC 的阻值为 30 ~ 50Ω，刚开机时，继电器 K01 未吸合，PTC 起限流作用，减小开机瞬间对电网的冲击。如果室内、室外机通信正常，延时 3 ~ 5s，K01 吸合，将 PTC 短路，使主电路直接与 220V 市电相通，保证空调器正常工作。

8. 室内温度传感器电路

该机室内温度传感器电路可分为盘管温度传感器电路和室内温度传感器电路两种，如图 12-25 所示。

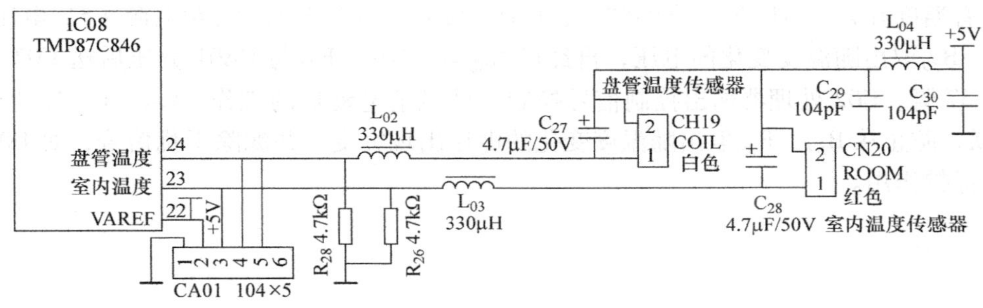

图 12-25 室内温度传感器电路

盘管温度传感器电路由 C_{29}、C_{30}、L_{04}、C_{27}、盘管温度传感器 CN19、L_{02}、R_{28} 等元器件组成。室内温度传感器电路由 C_{29}、C_{30}、L_{04}、C_{28}、室内温度传感器 CN20、L_{03}、R_{26} 等元器件组成。盘管温度传感器电路与室内温度传感器电路在电路形式上是完全一样的。其中 C_{29}、C_{30}、L_{04} 构成 π 型滤波器，用于滤除电源中纹波电压；CN19 和 CN20 为温度负传感器器件，具有温度升高，电阻值下降的特点；CN19 与 R_{28}、CN20 与 R_{26} 对电源 +5V 电压分压，从 R_{28}、R_{26} 取出随温度变化的电压送 IC08 处理器的 24、23 脚，IC08 输出控制信号控制室内风扇电动机的工作；C_{27}、C_{28} 分别与 CN19、CN20 并联，具备防止通电瞬间温度传感器受到电源电压的冲击，防止相邻两点温度之间的瞬时变化和使温度传感器经过延时后所测温度更加准确；L_{02}、L_{03} 为电感器，具有防止电压突变，保护 IC08 的作用。

9. 室外温度传感器电路

该机室外温度传感器电路可分为盘管温度传感器电路和室外温度传感器电路两种，如图 12-26 所示。

室外温度传感器电路由 C_{21}、L_{02}、室外温度传感器 CN17、R_{59}、C_{36}、R_{62}、CA01 等元器件组成。盘管温度传感器电路由 C_{21}、L_{02}、盘管温度传感器 CN13、R_{39}、C_{30}、R_{54}、CA01

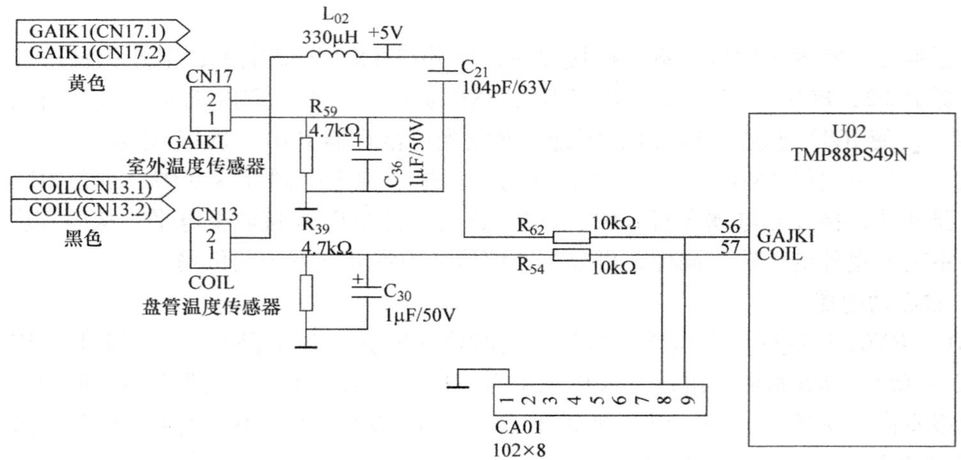

图 12-26　室外温度传感器电路

等元器件组成。室外温度传感器电路与盘管温度传感器电路在电路形式上是完全一样的。其中 C_{21}、L_{02}构成 L 型滤波器，用于滤除电源中纹波电压；CN17 和 CN13 为温度负传感器器件，具有温度升高，电阻值下降的特点；CN17 与 R_{59}、CN13 与 R_{39}对电源 +5V 电压分压，从 R_{59}、R_{39}取出随温度变化的电压，再经过 R_{62}与 CA01、R_{54}与 CA01 分压后送 U02 处理器的 56、57 脚，U02 处理器输出控制信号控制室外风扇电动机的工作。C_{36}、C_{30}分别与 R_{59}、R_{39}并联，防止从 R_{59}、R_{39}取出随温度变化的电压出现突变，并滤除干扰信号，对 U02 具有一定的保护作用。

课题四　变频空调器电气控制系统检修

变频空调器的控制电路与保护电路、室内外电路联系紧密，检修时要仔细观察故障现象，了解使用信息和故障的发生过程，充分利用故障码进行故障判断和检修。排除电气故障要采取分区检修的方法，首先确定故障在室内机还是室外机，是在通信电路、电源部分、驱动电路还是测量电路等，逐步缩小故障点，进行排除。

变频空调器电气控制系统的检修说明见表 12-1。

表 12-1　变频空调器电气控制系统的检修说明

序　号	电路名称	检修说明
1	通信电路	用万用表检查串行通信信号。当压缩机运转时，串行信号端子上应能测得变化的电压
2	室外机电源	首先检查直流 310V 的主电源电压是否正常。当正常工作时，电源进线端交流电压应为 AC200 ~ AV240V，主电源电压应等于 1.2 ~ 1.4 倍的交流输入电压，即不小于 250V，否则整流滤波电路有故障，应重点检查整流桥的二极管有无击穿、断路现象及直流滤波大电容有无漏电及容量下降现象 其次检查室外机计算机板所需的 5V、12V 和 15V 直流电压是否正常，该电压由开关电源提供，当这几路电压都为零时，应重点检查电源开关管和熔断器

（续）

序　号	电路名称	检修说明
3	变频模块	变频模块上有五个单独的插头，分别为P、N、U、V、W。P与N分别接直流电源的正极和负极，U、V、W分别接压缩机的三相绕组。当断开五个插头与外电路的连接时，测量U、V、W相互之间的电阻应为无穷大，如果阻值很小，说明内部击穿了。P与U、V、W相之间的正反向电阻应分别为40kΩ与无穷大，N与U、V、W之间的正反向电阻分别为无穷大与40kΩ。当通电工作时，对于交流变频模块，U、V、W端之间应有50～160V的交流电压
4	软启动电路	当软启动电路的PTC断路时，整机不工作；当软启动电路的功率继电器损坏或驱动电路损坏时，室外机工作电流全部经过PTC元件，使之很快发热，阻值变得很大，室外机一开即停
5	变频压缩机	断电测量：用万用表R1档测量压缩机三个接线端子之间的阻值，应分别相等。用兆欧表测量接线端子与压缩机外壳间的阻值，应不低于2MΩ 通电测量：用万用表测量压缩机线圈上的三个电压，如有且变化幅度相等，而压缩机不起动，故障在压缩机

课题五　变频空调器制冷系统维修

一、变频空调器制冷系统检修

检修变频空调器制冷系统时，需将调试开关设置为定频档，然后按照定频空调器的检修方法进行加氟或维修。变频空调器制冷系统的检修也是通过用压力表测量系统的压力与正常状态下的压力指数进行比较，通常R22制冷剂压力为0.5～0.6MPa，R410A制冷剂压力为0.8～1.0MPa。也可用钳形表测量空调器的运行电流并与额定电流值进行比较，同时测量三相电流是否平衡，来判断故障。R410A是一种混合制冷剂，它是由50% R32（二氟甲烷）和50% R125（五氟乙烷）组成的混合物，必须使用液态方式充注。制冷系统常见故障为不制冷或制冷效果差。

1. 压缩机运转但不制冷

测量系统平衡压力，如压力低则缺少制冷剂；如压力正常且压缩机运转并不制冷，故障在压缩机或电子膨胀阀。

检查电子膨胀阀：将空调器置于调试档，然后开机。如压缩机转速正常，观察电子膨胀阀出口端是否结霜。如结霜，说明电子膨胀阀开启度过小，故障原因在于电子膨胀阀故障或电子膨胀阀驱动电路故障。如将空调器置于调试档后，开机制冷正常，故障在室内、室外温度检测电路。

2. 压缩机运转但制冷效果差

压缩机运转但制冷效果差的故障原因可能是制冷剂不足、制冷系统脏堵、空调器设定温差过小、电子膨胀阀故障、压缩机运行频率低、电磁四通换向阀窜气。

二、新冷媒变频空调器制冷剂的充注说明

使用 R410A 制冷剂的变频空调器充注制冷剂必须在额定制冷模式下，以液态方式充注。

1. 进入额定制冷模式

在额定制冷模式下，变频空调器压缩机转速固定，制冷系统可以得到相对稳定的压力。

（1）美的空调进入额定制冷模式的方法　美的空调进入额定制冷模式的方法见表 12-2。

表 12-2　美的空调进入额定制冷模式的方法

操作步骤	说　明
1	将遥控器设定温度调整为 17℃
2	将遥控器风速设定为高风
3	在 10s 内连续按强劲键 6 次（或 6 次以上）
4	单音蜂鸣器长响 10s（对于音乐蜂鸣器则响开机铃声），进入额定制冷测试运转状态
5	在额定制冷模式下，压缩机的运转频率固定为额定测试频率，室内、室外风扇电动机风速固定为额定测试风速

（2）格力空调进入额定制冷模式的方法　在空调器制冷模式下，将遥控器设定温度调整为 18℃，3s 内连按 4 次睡眠键，显示 P1 后，设定成功，进入额定制冷模式。

2. 确定充注的制冷剂（冷媒）类型

R410A 的冷媒罐颜色为粉红色，注意制冷剂的容器是否搭载了虹吸管，如果使用有虹吸管的冷媒罐，充注制冷剂时就不需要把容器倒置。否则，需将冷媒罐倒立过来，以液态形式充注。当采用气体方式添加时，制冷剂的组成成分会发生变化，导致空调器的性能发生变化。

3. R410A 制冷剂充注过程中的注意事项

R410A 制冷剂充注过程中的注意事项见表 12-3。

表 12-3　R410A 制冷剂充注过程中的注意事项

序　号	注意事项
1	由于 R410A 制冷剂的压力比较高，其空调器使用的配管、工具等必须专用
2	操作中如发生 R410A 制冷剂泄漏，请及时进行通风换气；如果冷媒泄漏在室内，一旦与电风扇、取暖炉、电炉等器具发出的电火花接触，将会形成有毒气体
3	制冷系统不能混入 R410A 制冷剂以外的空气等。如果系统中混入空气等气体，在压缩机高压运行中，系统可能发生爆炸（R410A 中的 R32 成分是可燃的，与空气中的氧气混合在一起，遇到高温高压时会爆炸）
4	R410A 制冷系统不能与其他的制冷剂、冷冻机油混合使用

4. 变频空调器制冷部件的更换

如果制冷系统使用的压缩机制冷剂为 R410A，当更换压缩机时，必须采用 R410A 的压缩机，且更换时必须采用原型号的压缩机，不能用其他型号的压缩机替代，更不能采用 R22 的压缩机替换。同理，R22 系统不能使用 R410A 的压缩机。

R410A 制冷系统只能采用专用的截止阀、电磁四通换向阀，绝对不能把 R22 系统用的

阀门装到 R410A 系统里去。但 R410A 的电磁四通换向阀、截止阀可以安装到 R22 系统里去，R22 的充注口较小，R410A 的充注口较大，因此在给 R410A 系统抽真空或加注制冷剂时，要采用专门的连接软管。

三、变频空调器的检修注意事项

变频空调器的检修注意事项见表 12-4。

表 12-4　变频空调器的检修注意事项

序　号	注 意 事 项
1	变频空调器的运行频率是可变的，工作电流和系统压力也是可变的，因此检修时不能以随意测量的电流、压力数据来判断故障，而应当强制空调器在定频状态下工作，然后测量数据
2	变频空调器对系统制冷剂充注量要求准确，不能过多也不能过少，因此最好采用定量设备充注制冷剂。如果没有定量充注设备，则应在强制定频制冷状态下进行充注
3	变频空调器断电后一段时间内，室外机主工作电源整流后的 310V 直流电压还存在于滤波电容上。检修时，正确的操作方法是首先将电容储存的电荷经短路放掉，既能防止触电，又能避免电容放电损坏其他部件
4	变频空调器室内、室外机组采用单线串行双向通信方式。当机组通信不良时，空调器室内机、室外机都不工作。这与检修普通空调器有较大差别，应特别注意
5	检修时，在利用故障码进行故障判断的同时，也应考虑到故障码的局限性，因为微型计算机芯片发出的故障码不一定完全准确
6	变频空调器电气故障要采取分区检修的方法，首先确定故障在室内机还是室外机，是在通信电路、电源部分、驱动电路还是测量电路等，逐步缩小故障点，进行排除
7	当检修变频空调器制冷系统时，需将调试开关设置为定频档，然后按照定频空调器的检修方法进行加氟或维修
8	当检修变频空调器电气故障时，要先将室外控制板上 310V 的直流滤波电容储存的电荷经短路后放掉，再检修其他电路

一、简答题

1. 简述交流变频空调器的工作原理。
2. 简述变频模块的检修方法。
3. 变频空调器室外控制电路的常见故障有哪些？分析其故障原因。

二、实践题

收集两张变频空调器的图样，并绘出其电路组成方框图。

综合实训与考核　认识变频空调器

小组名称		小组组长	
小组成员			
实训目的	在安全文明活动条件下，认识变频空调器电气控制系统和制冷系统的组成，能够看懂案例，对提供的变频空调器图纸具有一定的分析能力		
实训器材	不同类型的变频空调器若干		
实训内容	1）了解变频空调器检修所用工具、仪器仪表名称和数量 2）收集不同型号的变频空调器图纸及检修案例		
成员分工	（注：描述成员工作分工及工作职责）		
变频空调器制冷系统检修	（注：通过走访空调器维修服务站，将收集到的变频空调器制冷系统检修案例及使用的工具、仪器仪表等写在 A4 纸上，然后再粘贴在此处）		
变频空调器电气控制系统检修	（注：通过走访空调器维修服务站，将收集到的变频空调器电气控制系统检修案例及使用的工具、仪器仪表等写在 A4 纸上，然后再粘贴在此处）		
小组自评	年　月　日		
教师评语	签名：　　　　年　月　日		

附　录

附录 A　格力变频空调器常见故障保护代码

序　号	代　码	故障原因
1	C5	跳线帽故障保护
2	d0	风扇电动机调速板通信故障
3	E1	高压保护/系统高压保护/压缩机高压保护
4	E2	防冻结保护/板式热交换器防冻保护/蒸发器防冻结保护/防低温
5	E3	低压保护/系统低压保护/压缩机低压保护
6	E4	排气高温保护/压缩机排气保护/压缩机排气高温保护
7	E5	过电流保护/过载保护/压缩机过电流保护/压缩机过载保护
8	E6	通信故障
9	E7	模式冲突/制冷、除湿模式与制热模式冲突
10	E8	防高温保护/系统防高温保护
11	E9	防冷风保护
12	Ed	系统防高温保护/防过热保护
13	EE	储存芯片故障/记忆芯片故障
14	EF	外风扇电动机过载保护
15	EP	壳顶高温保护
16	F0	收氟模式/系统缺氟或堵塞保护
17	F1	室内环境感温包断路、短路
18	F2	室内蒸发器感温包断路、短路
19	F3	室外环境感温包故障/室外环境感温包断路、短路/室外环境传感器故障
20	F4	室外冷凝器感温包断路、短路
21	F5	室外排气感温包断路、短路
22	F7	制冷回油
23	FC	滑动门故障

（续）

序　号	代　码	故障原因
24	Fd	回气感温包故障
25	FE	过载感温包故障
26	FP	二氧化碳检测故障
27	FU	壳顶感温包故障保护
28	H3	压缩机热过载保护
29	H4	系统异常
30	H5	模块保护
31	H6	无室内机电动机反馈
32	H7	同步失败
33	H9	电加热管故障
34	HC	PFC（功率因数校正）保护
35	L9	功率过高保护（通过驱动变量间接算出压缩机功率过高保护）
36	Lc	启动失败
37	Ld	欠相，脱调（缺相）
38	LE	压缩机堵转
39	LF	超速保护（超频保护/压缩机超速保护）
40	LP	室内、室外机不匹配
41	P0	驱动模块复位
42	P5	驱动板检测压缩机过电流
43	P6	驱动板与主控板通信故障
44	P7	散热片或 IPM、PFC 模块温度传感器异常
45	P8	散热片或 IPM、PFC 模块温度过高
46	PA	交流电流保护（输入侧）
47	PH	直流输入电压过高
48	PL	直流输入电压过低
49	PP	交流输入电压异常（交流电压低于或者高于正常工作电压）
50	PU	大电解电容充电回路故障
51	U1	压缩机相电流检测电路故障
52	U7	电磁四通换向阀换向异常
53	U8	PG 电动机（室内风扇电动机）过零检测电路故障
54	U9	室外风扇电动机过零检测电路故障

附录 B　美的变频空调器故障码

机型说明	序　号	故障码	故障原因
变频分体机 KFR－26GW/BPY－R KFR－35GW/BPY－R KFR－26GW/BPY－S KFR－35GW/BPY－S KFR－26GW/BPUYP－V KFR－32GW/BPUYP－V	1	E0	EEPROM 参数错误
	2	E1	室内、室外机通信故障
	3	E2	过零检测出错
	4	E3	风扇电动机速度失控
	5	E4	温度熔丝断保护
	6	E5	室外温度传感器故障
	7	E6	室内温度传感器故障
	8	P0	模块保护
	9	P1	电压过高或过低保护
	10	P2	压缩机顶部温度保护
直流变频分体机 KFR－26GW/BP2UYP－U KFR－32GW/BP2UYP－U KFR－26GW/BP2UYP－V KFR－32GW/BP2UYP－V	1	E0	EEPROM 参数错误
	2	E1	室内、室外机通信故障
	3	E2	过零检测出错
	4	E3	风扇电动机速度失控
	5	E4	温度熔丝断保护
	6	E5	室外温度传感器故障
	7	E6	室内温度传感器故障
	8	E7	室外风扇电动机失速故障（对 V 型全直流变频）
	9	P0	模块保护
	10	P1	电压过高或过低保护
	11	P2	压缩机顶部温度保护
	12	P3	室外温度过低保护（预留）
	13	P4	压缩机位置检测故障
变频柜机 KFR－50LW/BPY KFR－50LW/FBPY KFR－61LW/FBPY	1	P01	室内板与室外板 2min 通信不上保护
	2	P02	IPM 模块保护
	3	P03	高低电压保护
	4	P04	室内温度传感器断路或短路（房间、温度）
	5	P05	室外温度传感器断路或短路（冷凝器、环境、排气温度）
	6	P06	室内蒸发器温度保护关压缩机（高温或低温）
	7	P07	室外冷凝器高温保护关压缩机
	8	P08	抽湿模式室内温度过低关压缩机
	9	P09	室外排气温度过高关压缩机
	10	P10	压缩机顶部温度保护
	11	P11	除霜或防冷风
	12	P12	室内风扇电动机温度过热
	13	P13	室内板与开关板 3min 通信不上

（续）

机型说明	序号	故障码	故障原因
变频柜机 KFR－50LW/MBPY KFR－60LW/MBPY	1	P1	室内、室外机2min通信保护
	2	P2	模块保护
	3	P3	高低电压保护
	4	P4	室内蒸发器高温或低温保护
	5	P5	室外冷凝器高温保护
	6	P6	预留
	7	P7	室外排气温度过高保护
	8	P8	压缩机顶部温度保护
	9	P9	除霜
	10	E1	室内温度传感器故障
	11	E2	预留
	12	E3	预留
	13	E4	室外温度传感器故障
	14	E5	室内板与显示板3min通信故障
	15	E6	预留
	16	E7	预留
	17	E8	静电除尘故障
	18	E9	EEPROM故障
E系列柜机	1	P02	压缩机过载（保留）
	2	P03	室内蒸发器温度过低（制冷）
	3	P04	室内蒸发器温度过高（制热）
	4	P05	室内出风口温度过高（制热）
	5	E01	温度传感器断路、短路故障
	6	E02	压缩机过电流（保留）
	7	E03	压缩机欠电流（第一次上电检查）（保留）
	8	E04	室外机保护
	9	E05	温度传感器断路、短路故障
适用于Q1系列、Q2系列、U系列、I2系列、I5系列、V系列分体机	1	E1	上电时读EEPROM参数出错
	2	E2	过零检测出错
	3	E3	风扇电动机速度失控
	4	E4	四次电流保护
	5	E5	室内房间温度传感器断路或短路
	6	E6	室内蒸发器温度传感器断路或短路
美的B(C)型分体落地机 L(R)F－7.5WB(D) L(R)F－12WB L(R)F－7.5WC(D) L(R)F－12WC KF(R)－48LW/Y KF(R)－61LW/Y KF(R)－75LW/B(C)(S)(D) KF(R)－120LW/B(C)(S)(D)	1	01	室外机故障
	2	02	电源过电压
	3	03	制冷时室内蒸发器温度过低
	4	04	制热时室内蒸发器温度过高
	5	05	室内出风口温度过高
	6	06	室内主控板与显示板不能通信
	7	07	室内机电路故障

参考文献

［1］孙立群，贺学金．新型空调器故障分析与维修项目教程［M］．北京：电子工业出版社，2014.
［2］曹轲欣，杨东红．空调器结构原理与维修［M］．北京：机械工业出版社，2010.
［3］胡国喜．制冷设备维修技术基本功［M］．北京：人民邮电出版社，2010.
［4］何明山．空调器原理与检修［M］．北京：高等教育出版社，2003.